U0385060

“十四五”国家重点出版物出版规划项目

国土空间总体规划编制研究与实践探索

王新哲　著

同济大学出版社
TONGJI UNIVERSITY PRESS
·上海·

图书在版编目（CIP）数据

国土空间总体规划编制研究与实践探索 / 王新哲著
. -- 上海 : 同济大学出版社 , 2024.5
ISBN 978-7-5765-1184-0

Ⅰ . ①国… Ⅱ . ①王… Ⅲ . ①国土规划－研究 Ⅳ .
① TU98

中国国家版本馆 CIP 数据核字 (2024) 第 104646 号

“十四五”国家重点出版物出版规划项目
国土空间总体规划编制研究与实践探索

王新哲　著

责任编辑：吕　炜　孙　彬　|　**责任校对：**徐春莲　|　**装帧设计：**完　颖

出版发行：同济大学出版社 www.tongjipress.com.cn
（地址：上海市四平路 1239 号　邮编：200092　电话：021-65985622）
经　　销：全国各地新华书店、建筑书店、网络书店
印　　刷：上海安枫印务有限公司
开　　本：787mm×1092mm　1/16
印　　张：12.5
字　　数：312 000
版　　次：2024 年 5 月第 1 版
印　　次：2024 年 5 月第 1 次印刷
书　　号：ISBN 978-7-5765-1184-0
定　　价：128.00 元

前 言

建立国土空间规划体系并监督实施是国家治理体系和治理能力现代化的重要举措。2013 年十八届三中全会提出建立空间规划体系，2015 年明确提出空间规划体系，2018 年的机构改革明确由自然资源部负责建立空间规划体系并监督实施，2019 年发布《中共中央 国务院关于建立国土空间规划体系并监督实施的若干意见》（以下简称《若干意见》），至此，空间规划体系基本确立。

《若干意见》提出分级分类建立国土空间规划，包括总体规划、详细规划和相关专项规划。国家、省、市县编制国土空间总体规划，各地结合实际编制乡镇国土空间规划。相关专项规划是指在特定区域（流域）、特定领域，为体现特定功能，对空间开发保护利用作出的专门安排，是涉及空间利用的专项规划。详细规划是对具体地块用途和开发建设强度等作出的实施性安排，是开展国土空间开发保护活动、实施国土空间用途管制、核发城乡建设项目规划许可、进行各项建设等的法定依据。由此形成了“五级三类”的规划体系。

2019 年 5 月，自然资源部发布《自然资源部关于全面开展国土空间规划工作的通知》，要求“按照自上而下、上下联动、压茬推进的原则”，抓紧启动编制全国、省级、市县和乡镇国土空间规划，尽快形成规划成果，由此揭开了延续至今的国土空间总体规划的编制序幕。

本书围绕国土空间总体规划编制中的总结与反思—编制思考—表达技术—总详传导的逻辑，着重探讨了国土空间总体规划编制工作中的核心问题，特别对工作推进中的重点、难点进行了研究，并提出解决方案。成果表达也是重点探讨的内容，书中对总体规划文本的图、文表达技术进行了研究与探索，对总体规划向详细规划传导的现实困境、基本逻辑与优化措施进行了研究，全书内容布局如下。

第 1 篇 城市总体规划编制总结与反思

在空间规划体系建立之前，存在主体功能区划、土地利用规划、城市总体规划的“三足鼎立”局面，客观总结分析这些规划实践，对于理解国土空间总体规划的体系、提出技术应对措施具有指导作用。城市规划已经形成了相对成熟的体系，城乡规划师对整体的协调能力、多学科知识的支撑能力、对于空间认识与把握的能力决定了其应当成为城市总体规划编制、管理的主导力量。但具有城乡规划背景的规划师在资源保护、自上而下的传导、全域控制、实施监督等方面是有所欠缺的，原国土规划、发展规划、环境保护规划的管理部门及相关学者有很好的经验值得借鉴。本篇在对实践进行总结的基础上，对未来的变革思路进行了思考，提出改革建议：在空间的资源观与理论范式方面，应围绕资源的发展权重构规划事权，应从技术理性走向多元协调；在规划的政策性与成果表达方面，应加强规划的战略与政策研究使之真正发挥引领性，在成果的表达方面应体现政策性与逻辑性；在编制的组织与控制方法方面应加强各方面力量的协同性，在控制方法上应注重结构性与层次性。

第 2 篇 国土空间总体规划编制思考

五级规划“自上而下、上下联动、压茬推进”为规划“精确传导”提供了可能性，按照现有的规划编制思路，未来全国甚至可以形成一个精确定位的“控规拼合”数据库。技术上完全可行，但社会不是一台精密的机器，有其不确定性和多变性，国家和省级空间规划不应该是市、县空间规划的拼合，市、县空间规划也不应该是上级空间规划的简单落位，如何适应多级政府的事权，增加控制体系的弹性与适应性，是迫切需要解决的问题。

一方面，本篇讨论了各层级国土空间总体规划的重点、内容、精度、法定效力应该有所不同，梳理省、市、县规划中的关键问题，提出编制技术解决方案。在空间性方面，规划应处理好多尺度下的规划关系；在事权方面，规划应建立与事权对应的国土空间分区体系；在目标方面，规划应处理好国土空间规划与发展规划的关系，建立时间合拍、相对分离的近期规划。

另一方面，本篇分省、市、县、镇讨论了各级总体规划编制中的关键问题，提出省级国土空间总体规划应突出战略引领、结构控制、资源配置；地级市国土空间总体规划应突出分层传导、尺度转换、市域协调；县级国土空间总体规划应突出央地交界的特征，做好总详转换、城乡共治；镇国土空间规划中重点探讨了镇开发边界的定位与作用，提出要分化治理、上下协同、增强实效。

第 3 篇 总体规划表达技术

空间规划体系改革进一步强调了规划的严肃性以及依法行政、依规管理，对于规划成果提出了更高的要求，规划成果居于编制、审批、实施、监督的核心地位，必须加强规划成果的规范性。

在空间规划体系改革中，如何在强调刚性的同时，既采用更为弹性的方式，又能保证空间规划的科学性和严肃性，是亟须探讨的重要课题。在国土空间总体规划中应为刚性管控建立弹性的机制：在规划制定中建立弹性思维与机制；在成果中准确表达弹性的内容；在实施中通过规制的补充使得弹性调整制度化。

空间规划的表达规范可以分为文本表达规范和图纸表达规范。包括规划文件的名称、结构、分类和系统化规范；文本的内部结构、外部形式、概念和语言表达、文体的选择，图纸的外部形式、要素分类、图示体系、图例选择、整体效果等。前者与规划制度的改革息息相关，已广泛存在于各类规范、文件与编制办法里，后者缺乏系统的总结。本篇聚焦总体规划文本表达技术，提出要有效表达、凸显政策、增强逻辑；抓住语汇建构这一关键，建立“分级分层分类”的规划传导体系；选取地级市规划成果的核心——总图进行研究，总结了地级市规划总图的特点，并结合规划的编制组织方式，以多级综合、分级传导、结构图示突出其传导性、多级性和结构性。

第 4 篇 总体规划—详细规划传导

国土空间规划建立了分层、分级的传导体系，在“刚性管控”的思路下，“精确对应”是规划管理者与督查者在共同诉求下所倾向的技术选择。然而，“精确对应”是对“一致性”的误解，并且在技术上很难实现，尤其是“总—详”规划由于尺度差异形成了“断点”。在“总—详”规划空间传导优化中，不应囿于信息技术的逻辑，而要认识到城乡发展的复杂性与不确定性、用途管制对象的多类型、判定规则中的主观性是规划空间传导优化的主要影响因素，从而在工作中用好空间管制工具、强化柔性传导体系、加强单元规划编制规范引导。

本书的写作始于 2018 年，正是我国国土空间规划体系建立并不断磨合、优化的几年，笔者积极参与理论与实践探索，不乏失败的经验教训，也有未被采纳的建议。但公开发布的成果均经再三斟酌，所以5年后回头梳理时欣慰地发现当时绝大部分的判断都是正确的，仍然符合当下的学术共识与政策要求。在本书组稿时，笔者除补充一些必要的材料和扩充研究内容外，尽量保持研究的原真性。

书中引用了大量的文献，这些文献支撑了本书的研究，在此向这些文献的作者表示诚挚的感谢。因文献较多，虽尽全力核对，仍难免有疏漏之处，如有不妥恳请相关学者给予谅解。本书除标注“资料来源”以外的图、表，均为作者自绘。受笔者能力、专业的局限，书中难免有疏漏、谬误之处，也敬请各位读者指正。

王新哲

2024年2月

目 录

第1篇

城市总体规划编制总结与反思

第 1 章

城市总体规划编制变革的实践特征：事权重构、政策引领、多元协同[1]

空间规划管理权的整合，将推进空间规划体系的建立，从原来的“多规争一”走向“多规并一”。本章对城市总体规划编制变革的实践进行了研究，提出应放弃门户之见，在“多规”的编制力量、管理部门“合一”的背景下考虑总体规划的转型。在对实践进行总结的基础上，对未来的变革思路进行了思考，提出改革建议：在空间的资源观与理论范式方面，应围绕资源的发展权重构规划事权，应从技术理性走向多元协调；在规划的政策性与成果表达方面，应加强规划的战略与政策研究使之真正发挥引领性，在成果的表达方面应体现政策性与逻辑性；在编制的组织与控制方法方面应加强各方面力量的协同性，在控制方法上还要注重结构性与层次性。

空间规划改革基于生态文明体制改革的重要制度设计。2012 年 11 月党的十八大提出大力推进生态文明建设，优化国土空间格局；2013 年 11 月党的十八届三中全会通过的《中共中央关于全面深化改革若干重大问题的决定》提出国家治理体系现代化，建立空间规划体系；2013 年 12 月中央城镇化工作会议提出建立空间规划体系，推进规划体制改革；2014 年 12 月中央经济工作会议要求加快规划体制改革，健全空间规划体系；2015 年 9 月中共中央、国务院印发了《生态文明体制改革总体方案》，明确提出了空间规划体系，要求构建以空间治理

1. 本文部分内容引自：王新哲 . 新时期城市总体规划编制变革的实践特征与思考 [J]. 城市规划学刊 ,2018(3):65-70. 有扩充、修改。

和空间结构优化为主要内容，全国统一、相互衔接、分级管理的空间规划体系，着力解决空间性规划重叠冲突、部门职责交叉重复、地方规划朝令夕改等问题。并指出空间规划是国家空间发展的指南、可持续发展的空间蓝图，是各类开发建设活动的基本依据。空间规划分为国家、省、市县（设区的市空间规划范围为市辖区）三级。从提出、建立再到推进、明确，思路越来越清晰。

2018 年 3 月 17 日第十三届全国人民代表大会第一次会议通过了关于国务院机构改革方案的决定草案，将国家相关规划管理的职能整合，由自然资源部负责建立空间规划体系并监督实施。国家空间规划改革推进了一大步，为近年来的“多规合一”提供了体制保障。

1 空间规划体系建立前的改革与探索

1.1 多规合一

空间规划体系建立前在总体层面存在着多种规划类型，这些规划类型的目标、理论、编制方法和实施途径互相交叉且冲突，实施和协调难度大。事权分立导致的分头规划和分散规划与综合规划的结构存在着内在的矛盾，于是各种规划类型都采取了超出事权的规划延展这一方法来应对。规划的编制倾向于综合性与全局性，而规划的管理（即核心内容）则基于事权来界定，这种差异在事权分立的背景下又导致各部门对规划空间权力的争夺[2]。

专栏

上海市“两规合一”

上海市规划国土职能整合后，着手进行了 4 个方面的变革：

第一个变革是对城市总体规划编制的变革，以“双保一引”（保障发展、保护资源、引领布局）为原则，强化城市增长管理，制止城市的蔓延。主要成果集中在三条控制线：城市建设用地范围控制线、基本农田保护线和产业区块控制线。

第二个变革是城市总体规划实施方面的变革，首度引入土地管理

2. 许景权，沈迟，胡天新，等. 构建我国空间规划体系的总体思路和主要任务 [J]. 规划师，2017(2):5-11.

的年度计划手段，包括年度农转用与占补平衡等计划指标分配、年度经营性用地的储备出让计划等，变革城市近期建设规划，将规划实施的空间和时序做实、做准，成为真正引导城市建设开发的行动规划。

第三个变革是城市总体规划能力方面的变革。加强规划的分析监测能力、政策法规能力、综合决策能力。

第四个变革是城市建设项目审批的变革，主要是建立高效统一的审批平台，进行流程简化合并和同步受理。

广州的“规划整合”

基于《广州市城乡统筹土地管理制度创新试点方案》中对土地管理创新的试点要求，在建设用地总量规模不变的前提下，适当调整城乡建设用地布局。

在用地分类标准协调上，建立一个纳入“两规”的用地分类标准。在用途差异协调上，在保证城市用地功能和土地利用规划建设用地总规模不变的基本前提下，尽量维持现有土地利用规划城乡建设用地规模不增不变。

针对“两规”建设用地规模差异地块，通过挖掘现状生态绿地的规模潜力，对规划情况以及现状建设情况稳定的非建设用地，调整土地利用规划的用地性质，使“两规”同为非建设用地。针对土地利用规划为非建设用地，城乡规划为建设用地的“两规”建设用地规模差异地块，根据重点项目布局、土地利用规划的空间管制、地块用地性质以及地块区位等情况，提出五类协调原则及措施。

浙江省“两规”协调

在基础数据协调方面，开展“两规”协调工作的基础，主要包括统一工作图件、统一规划范围、统一基准年和规划年限、统一用地分类、统一现状用地及人口数据。

在空间管制协调方面，根据现状建设情况及城乡发展对地域生态环境的影响，按照不同地域的资源环境、承载能力和发展潜力，将空间划分为已建区、适建区、限建区、禁建区四大类，采取不同的空间管制措施。

在空间布局协调方面，“两规”在加强用地衔接时，重点要对城镇用地空间布局、农村用地空间布局、交通用地空间布局、水利设施用地布局、耕地空间布局、园地空间布局以及林地空间布局等方面进行协调。

在协调机制方面，在编制城市总体规划和土地利用总体规划前，两部门共同制定“两规”衔接专题报告，作为城市总体规划和土地利用总体规划上报审批时的重要附件；在规划上报审批时，应建立规划部门与国土资源部门的联合审查制度。

近年来，各地在地方政府的推动下开始推行“多规合一”实践，但存在条块分割的政府管理体制、规划法规依据不一，规划期限和发展目标差异以及规划编制技术标准不同的问题，难以达到协调和协同的目的。2014 年，国家发展和改革委员会（后文简称“国家发改委”）、国土资源部、环境保护部、住房和城乡建设部（后文简称“住建部”）联合印发了《关于开展市县“多规合一”试点工作的通知》，确定 28 个市县为全国“多规合一”试点。“多规合一”试点工作结束后，中央财经领导小组办公室的领导觉得四部委试点还是把部门的东西看得比较重[3]。各个部门试图用自己的规划去合别的部门的规划。

1.2 城市总体规划改革与试点

城市总体规划一直进行着改革，2005—2008 年以《城市规划编制办法》和《城乡规划法》的颁布为标志，城市总体规划的编制形成了较为稳定的范式，但很快又得到来自各方面的压力，开始了一轮又一轮的改革。2017 年，住建部选取江苏、浙江两省和沈阳、长春、南京、厦门、广州、深圳、成都、福州、长沙、乌鲁木齐、苏州、南通、嘉兴、台州、柳州 15 座城市进行城市总体规划编制试点。试点经验的总结是要转变规划理念、承接国家责任；实现统筹规划，整合各类空间性规划，形成“一张蓝图”；推进规划统筹，建立规划编制与管理信息平台，实现规划统筹空间资源保护与建设；明晰政府、市场的事权边界和各级政府的事权边界，优化刚性内容传递，推进存量用地盘活[4]。这些结论其实很多早有共识，关键是由谁来做，怎么做。

总结近年来的总体规划改革，有学科、事业发展的自我完善，有面对社会质疑的自我证明，有面对上级审批部门要求的无所适从，也有在“多规”混战中的越位与防守。总体规划的改革往往是反复强调“我很科学”“我很重要”，但别的规划的长处在哪里，却很少去分析。空间规划管理权的整合，有助于放弃门户之见，在“多规”的编制力量、管理部门“合一”的背景下重新去考虑总体规划的新范式。

---

3. 孙安军 . 空间规划改革的思考 [J]. 城市规划学刊 ,2018(1):10-17.
4. 董珂 , 张菁 . 城市总体规划的改革目标与路径 [J]. 城市规划学刊 ,2018(1):50-57.

2 空间的资源观与理论范式的转换

2.1 规划事权的核心：资源的发展权

城市总体规划是一项全局性、综合性、战略性的工作，是政府调控城市空间资源、指导城乡发展与建设、维护社会公平、保障公共安全和公众利益的重要公共政策之一。围绕公共政策的属性，城市总体规划进行了一系列改革探索，政府事权成为总体规划改革的主线之一，划分的建议是中央政府应重点把握涉及全局和长远发展的战略要求等内容，省级政府应着力统筹区域协调和资源环境监管等内容，地方政府应负责具体的公共服务供给和建设用地布局等内容。但依据是什么，城市规划的本质到底是什么，似乎不太清晰。

虽然城市规划的行政基础是法律赋予政府行使土地的用途管制权力，但城市规划者更关注功能的合理性。相比于城乡规划，土地规划者对权利给予了较高的关注度，《土地管理法》在总则之后就明确了土地的所有权和使用权。对于土地发展权这个在土地上进行开发的权利的系统研究，基本上是土地规划的研究范畴。城乡规划职能纳入自然资源部，强化了空间的资源属性，在理念上要重视土地发展权。

林坚、许超诣指出空间规划的实质性问题是土地发展权。按照土地发展权形成条件的差异以及不同层级空间规划的管制特点，我国存在两级土地发展权体系，并基于土地发展权的空间管制形成中国特色空间规划体系。一级土地发展权隐含在上级政府对下级区域的建设许可中。二级土地发展权隐含在政府对建设项目、用地的规划许可中，其使用是地方政府将从上级所获得的区域建设许可权进一步配置给个人、集体和单位的过程。所谓“责任规划”“责任边界”，强调基于国家利益和公共利益进行空间管制安排和土地发展权配置，侧重于自上而下的“责任”分解和“责任边界”控制；所谓“权益规划”“权益边界”，强调在考虑土地权利人利益的基础上，对个体开发行为进行引导和限制，关注土地发展权价值的合理显化[5]。责任由上级政府赋予或认可，本级政府主要对开发行为进行控制引导。基于土地开发权的上下级事权划分显然更具有逻辑性与说服力。

---

5. 林坚，许超诣 . 土地发展权、空间管制与规划协同 [J]. 城市规划 ,2014(1):26-34.

同时由于土地存在着复杂的权属关系，编制规划时应充分尊重公众和利害关系人的合法权益。规划师应抛弃过去理想化的技术理性思维，规划的过程是各个利益相关者之间博弈的过程，规划师要从理想主义的设计师转变为各方利益的协调者。

2.2 规划理论的转变：从理性到多元协作

城市规划的主要规划理论随着经济社会的变化有很大的转变，从理性规划理论到倡导式规划，再到协作式规划理论，不断更新空间管理的范畴和意义。虽然倡导式规划、协作式规划的理论早已深入人心，但在“多规争一”的阶段，理性主义方法论所强调的科学主义、现代性、技术理性，使其成为标榜城市规划科学、系统和理性的工具。吴志强在30年前即指出，城市规划要从单项封闭的思想方法走向复合发散的思想方法；从最终理想状态的静态思想方法走向动态过程的思想方法；从刚性的思想方法走向弹性规划的思想方法；从指令性的思想方法走向引导性的思想方法[6]。但从21世纪以来的总体规划实践来看，原来的问题不但没有解决，甚至更加严重。

在统一体制的“多规并一”状态下，可以实现从功能理性向关注社会文化的倡导式、协作式范式转换。只有这样才能制定出符合某一时期社会发展特色、体现社会发展特征、并致力于解决社会主要矛盾和问题的空间规划策略。

城市规划作为一种统筹安排城市资源以应对不确定性的面向未来的工作，要处理目标不确定和（或）方法不确定的问题，需要转变研究范式。情景规划以其合理的描述、广泛的参与、持续的监测更新很好地解决了上述问题，成为规划领域应对重大不确定性问题的主要方法。情景规划扩大了规划人员的研究思路和视野，打破了规划编制的固有模式和程序，增加了许多易被忽视的信息，从而使得规划决策更加务实、灵活、富有弹性[7]。

---

6. 吴志强 . 城市规划思想方法的变革 [J]. 城市规划汇刊 ,1986(5):1-7.
7. 赫磊 , 宋彦 , 戴慎志 . 城市规划应对不确定性问题的范式研究 [J]. 城市规划 ,2012(7):15-22.

3 规划内容的政策性与成果表达的改进

3.1 规划的战略与政策：从工具到引领

规划学者曾反思城市规划在宏观层面的战略思维能力未见显现[8]。随着改革开放后二十多年的快速发展，城市规划学科、城市规划实践跳出了纯粹物质空间的范畴。在规划实践中，城市发展战略规划的兴起可以视为规划界对当时城市发展现实需求的积极有效回应。从 2000 年起，以广州城市总体发展概念规划为代表的战略规划在众多大城市兴起，城市总体规划跳出了计划经济的束缚，进行“独立”的“畅想”。这一点得到了地方政府的充分肯定，但战略规划这一自下而上的创新因几乎完全代表了地方政府的价值取向，成为地方发展的工具而受到学者及上级政府的诟病。同时这一战略主要围绕着空间问题展开，在内容上也不够全面。另外，由于城市规划师缺乏经济、社会的专业知识，尽管实力强的规划设计单位可以通过引进人才、外包专题研究等方式弥补专业性、全面性的不足问题，但总的来说，在知识储备、理论体系、技术方法等方面还存在一定差距，较难发挥真正的引领性。

在战略规划盛行之时，引领风潮的上海并未编制过完整的城市战略规划，但上海在 1984 年就开展了“上海经济发展战略研究”，1994 年前后开展了“迈向 21 世纪的上海：1996—2010 年上海经济、社会发展战略研究”等研究。这些研究都是以市政府牵头，由全国的科研单位完成的，为上海发展提供了许多重要战略决策依据和政策建议，内容都融入了同期的城市总体规划编制中。与上海市城市总体规划（2017—2035 年）（简称“上海 2035”）[9] 同步，上海还开展了发展战略研究，单从成果的“战略框架”来看，其内容、视角、研究主体均与城市总体规划中的战略研究有很大区别（表 1-1）。只有进行全面的、科学的战略研究，才能真正发挥总体规划的引领作用。“上海 2035”建立了目标—策略—机制的有机整体，科学确定未来发展的远景与目标，并通过策略与机制形成具体的空间政策，真正体现总体规划的战略性引领与政策引导。

---

8. 杨保军 . 城市规划 30 年回顾与展望 [J]. 城市规划学刊 ,2010(1):14-23.
9. 新一轮上海总体规划在编制阶段的规划期限为 2040 年，简称“上海 2040”，后期随着党的十九大确定的发展阶段，规划期限调整为 2035 年，内容有局部变化，但在规划的理念、成果体系、表达方式上则没有变化，故在本书中凡是引用部分均统一为“上海 2035”。

表 1-1 “面向未来 30 年的上海”发展战略研究框架

内容	承担单位
上海建设全球城市的战略框架和战略重点研究	华东师范大学 / 上海师范大学课题组
上海城市发展内涵和理念优化调整与城市能级阶段性提升研究	同济大学课题组
上海全球城市网络节点枢纽功能、主要战略通道和平台经济体系建设研究	上海大学课题组
上海全球城市商务生态环境研究	上海商学院课题组
上海综合性全球城市新型产业体系与产业布局研究	上海社会科学院部门经济研究所课题组
	复旦大学课题组
上海全球城市形态、空间结构及大都市圈建设研究	东南大学课题组
上海建设具有全球影响力的科技创新中心战略研究	华东师范大学课题组
上海全球城市创新系统与创业生态环境研究	上海市科学学研究所课题组
	上海交通大学国际与公共事务课题组
上海全球城市人才资源开发与人才流动研究	复旦大学课题组
	上海市公共行政与人力资源研究所课题组
上海全球城市文化发展与都会城市建设研究	上海社会科学院文学所课题组
	上海工程技术大学课题组
上海全球城市社会架构、文化融合与社会和谐研究	上海大学社会学院课题组
	华东理工大学社会工作与社会政策研究院课题组
上海全球城市社会发展趋势与战略目标研究	华东政法大学课题组
上海全球城市生活、生态环境与宜居城市建设研究	上海市环境科学研究院课题组
	华东师范大学课题组
上海提升全球城市品牌形象与增强城市吸引力研究	上海师范大学课题组
	香港城市规划院课题组
上海全球城市管理与安全防护研究	上海工程技术大学课题组
	复旦大学国际关系与公共事务学院课题组
上海全球城市治理模式发展研究	复旦大学课题组
上海全球城市治理模式与民主法治研究	上海市行政法制研究所课题组

资料来源：上海市人民政府发展研究中心 . 上海 2050 战略框架 [M]. 上海 : 格致出版社 , 上海人民出版社 , 2016.

3.2 规划成果的表达：公众性与引领性

2008 年《城乡规划法》颁布前后的政策文件以及全国人大和住建部对该法的解释中，明确地将城乡规划界定为公共政策。但在随后的实践中并未有较好的体现，由行政权力分割所导致的各类规划之间的矛盾被进一步激化。这种激化是对城乡规划作为公共政策定位的挑战[10]。而城市总体规划由于编制习惯的影响，“战略导向”和“政策载体”功能显现不够，具体表现在总规图纸受“实施蓝图”思维的影响，在表达工程类要素方面较为完善，但又过于追求精准化，同时缺少“公共政策”的图示化表达与空间落实。文本与图纸显得极为“专业”或“技术”，既不能很好地表达规划的公共政策意图，其“公众界面”也很差，很不利于公众参与[11]。同时在成果的逻辑结构上，按照内容的分类形成的表达体系明显缺乏逻辑性，如要素间能形成简明的逐层递进式线型逻辑不但有助于实现各要素之间的功能联系，而且也符合人们的阅读习惯，有利于城市规划政策的表达[12]。近年来战略规划也比较多地采用目标导向、问题导向的逻辑结构。

相对于城市总体规划的技术性思维，国外总体规划层面的规划及发改委主导的规划在文本表达技术方面有成熟的经验。在《国家新型城镇化规划》发布之前，住建部组织编制并发布了《全国城镇体系规划》，某种程度上来讲，两个规划具有“同质性”，但在表达上有很大的区别。相比《全国城镇体系规划》的描述型表达方式，《国家新型城镇化规划》倡导型的表达更有利于政策内容的表达与传播。从目录上即可了解《国家新型城镇化规划》的主要政策导向（表 1-2）。

表 1-2 两种不同的表达方式

《全国城镇体系规划》	《国家新型城镇化规划》
第四章 城镇空间规划 4.1 城镇空间发展策略 4.2 城镇空间布局 4.3 城镇空间发展指引 4.4 省域城镇发展指引要点 第五章 城镇发展支撑体系 5.1 综合交通设施 5.2 市政基础设施 5.3 社会基础设施 5.4 公共安全体系	第四篇 优化城镇化布局和形态 第九章 优化提升东部地区城市群 第十章 培育发展中西部地区城市群 第十一章 建立城市群发展协调机制 第十二章 促进各类城市协调发展 第一节 增强中心城市辐射带动功能 第二节 加快发展中小城市 第三节 有重点地发展小城镇 第十三章 强化综合交通运输网络支撑 第一节 完善城市群之间综合交通运输网络 第二节 构建城市群内部综合交通运输网络 第三节 建设城市综合交通枢纽 第四节 改善中小城市和小城镇交通条件

资料来源：《全国城镇体系规划》《国家新型城镇化规划》

10. 孙施文 . 解析中国城市规划 [J]. 城乡规划研究 ,2017(1):12-21.
11. 赵民 , 郝晋伟 . 城市总体规划实践中的悖论及对策探讨 [J]. 城市规划学刊 ,2012(3):1-9.
12. 张昊哲 , 宋彦 , 陈燕萍 , 等 . 城市总体规划的内在有效性评估探讨：兼谈美国城市总体规划的成果表达 [J]. 规划师 , 2010(6):59-64.

“上海 2035”总体规划进行了成果体系及表达的创新，形成“1+3”完整的成果体系。“1”为《上海市城市总体规划（2017—2035 年）》报告，是在战略性层面上，指导城市空间发展的纲领性文件。“3”分别为《分区指引》《专项规划大纲》和《行动规划大纲》，是在实施性层面上，从分区、系统、时序维度构建的管控体系。报告形成了以目标导向为逻辑的文本结构，由六大部分内容组成：一是“概述”，简要说明总体规划的定义和作用、编制特点和过程以及成果构成；二是“发展目标”，阐述上海进入 21 世纪的建设成就、面临的瓶颈问题，展望未来城市发展趋势，提出上海建设全球城市的目标内涵，是规划编制的总纲领；三是“发展模式”，确立“底线约束、内涵发展、弹性适应”等作为规划导向，明确规划理念和方法的转变；四是“空间布局”，从区域和市域两个层次明确上海未来的空间格局，是规划的核心内容；五是“发展策略”，分别从建设创新之城、人文之城、生态之城三个分目标出发，整合了综合交通、产业空间、住房和公共服务、空间品质、生态环境、安全低碳等领域的重点发展策略；六是“实施保障”，从实现城市治理模式现代化的角度，探索规划编制、实施、管理的新模式[13]。

“上海 2035”还专门进行了“空间图示专题研究”，就图纸的表达部分进行了针对性的研究，提出建立多尺度的图纸表达体系、基于政策区划分的多要素叠加表达方式、基于结构性用地的土地分类方法、符号建构与可视化表达[14]。詹运洲等总结上海历版总体规划总图及国内外规划经验，提出规划图纸应向宏观战略维度延伸——加入空间战略类图纸；向多规衔接维度延伸——加入底线控制类图纸；向实施保障维度延伸——优化实施管控类图纸[15]。成果图纸表达改变了原有总体规划过于追求准确和工程性的表达方法，采用更能体现总体规划战略性和政策性意图的示意性和结构性的表达方式。在用地表达方面，改变以具体地类为主的表达方法。采取政策性分类，或者政策性分类与功能性分类相结合的方式[16]。

13. 张尚武，金忠民，王新哲，等．战略引领与刚性管控：新时期城市总体规划成果体系创新——上海 2040 总体规划成果体系构建的基本思路 [J]. 城市规划学刊，2017(3):19-27.
14. 上海同济城市规划设计研究院．上海市规划和国土资源管理局委托课题“上海市新一轮总体规划空间分类图示专题研究”[R]，2015.
15. 詹运洲，欧胜兰，周文娜，等．传承与创新：上海新一轮城市总体规划总图编制的思考 [J]. 城市规划学刊，2015(4):48-54.
16. 同 13。

4 编制方法的协同性与控制体系的建构

4.1 规划编制的组织：协同性与参与性

城市规划编制办法明确编制城市规划，应当坚持政府组织、部门合作，但在具体操作中，却是规划部门组织，委托设计院编制、其他政府部门在现状调研及规划审批中提意见。2017 年住建部的总体规划试点的具体要求第一条即是“坚持政府主导，落实城市人民政府在城市总体规划编制实施中的主体责任”。可见这一问题始终未得到解决。而国民经济和社会发展规划，则已经形成成立规划编制领导小组、深入开展调研、广泛听取意见、梳理形成规划基本思路、各部门按照整体思路协同编制的技术路线。

通过对总体规划层面的“多规”分析，各类规划各具优势，各类编制技术力量也各有所长，在统一的空间规划体系下，各类编制力量应有开放的心态和相互合作的意识，取长补短，形成系统、协调、高效的技术力量。

公众参与作为一项正式的制度安排已经纳入城市规划的工作程序中，但基本都属于批后发布接受监督。如何在规划编制阶段建立公众意见有效表达的途径，健全多方利益平衡的机制，很多城市都进行了有益的探索，但还亟待在城市规划制度层面去构建落实。

“上海 2035”规划编制秉承“开门做规划”的理念，构建了社会各方共同参与的工作格局。在政府、市场、社会协同方面，政府由传统的兼任组织者和决策者双重角色，转变为更加侧重组织市场、社会和专业力量等多元主体参与，共同发挥决策作用。在管理部门协同方面，“上海 2035”在启动之初成立由市委主要领导任组长、市政府主要领导和分管领导任副组长、市政府 40 个部门和 16 个区相关负责人共同组成的编制工作领导小组。成员单位包括市发改委等 8 个部门，紧密参与了规划编制过程，这一组织架构促成了规划编制过程中政府部门间、上下级政府间的协同。在编制单位的协同方面，在规划编制之初，委托来自 10 所高校的 40 个研究团队开展了 18 项战略专题研究，全市 22 个委办局牵头开展 28 个专项规划，各项研究成果均为总体规划提供了重要支撑[17]（图 1-1）。

---

17. 庄少勤，徐毅松，熊健，等. 上海 2040: 以规划组织编制方式转型探索提升城市治理水平 [J]. 城市规划学刊，2017(3):38-46.

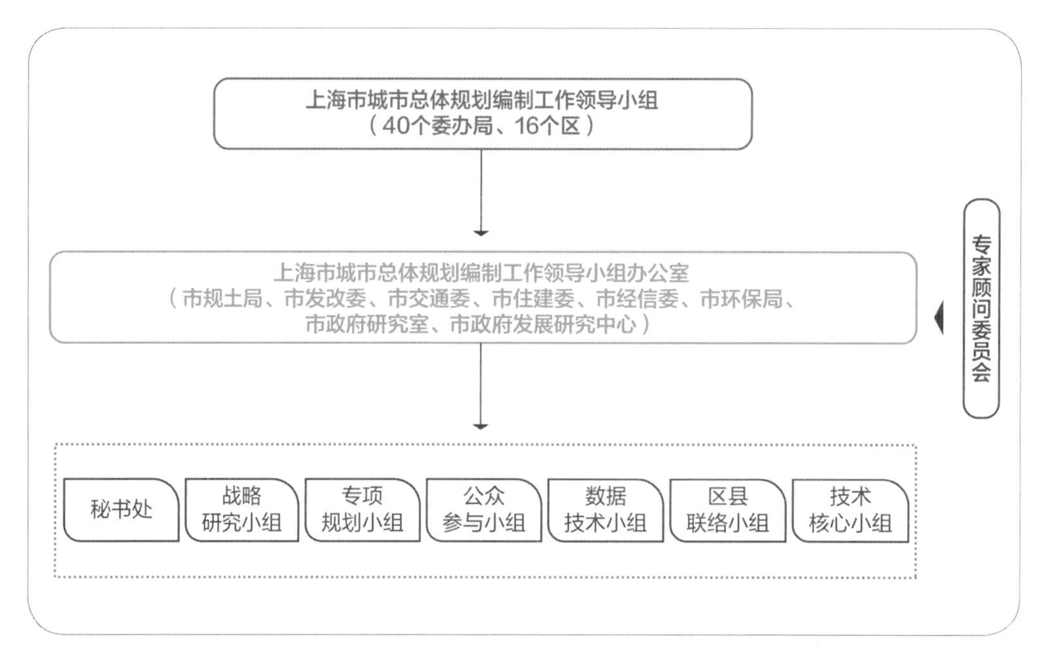

图 1-1 “上海 2040”组织框架示意
资料来源：上海市城市总体规划编制工作领导小组办公室，2014

4.2 规划控制的方法：结构性与层次性

城市整体结构的组织与安排、城市各项要素之间关系所进行的统筹是体现城市总体规划引导城市发展的重要方面。目前总体成果过于关注具体的土地使用的刚性控制，缺乏结构控制的思路，这不仅难以适应市场化环境带来的不确定性和动态性，更无法发挥总体规划的战略引领作用。当前为了维护规划的权威不断地将法定规划的内容和管控的方式简化为一些“线”（如蓝线、绿线以及城市增长边界线等）和数字的做法，尽管看上去要强化规划控制作用，实际上却是在瓦解规划的本质特征，弱化其效用[18]。

董珂、张菁分析了由规划督察的“不合理”状况倒逼的“逆向式改革”所形成的不合理的规划编制技术路线，如为应对督察，将控规的强制性规定反馈到总规中，这种思维“逻辑倒置”现象将总规形式化和工具化，事实上削弱了总规的权威性和严肃性。其研究指出一个逻辑合理的规划，必然是一个战略性、结构性、保持适度弹性的规划，通过给下位规划提出“条件”，为下位规划的“清

18. 孙施文 . 解析中国城市规划 [J]. 城乡规划研究 ,2017(1):12-21.

晰化”预留空间。一个符合逻辑的空间规划体系，必然是一个逐步清晰化的链接过程。[19]

正在进行的总体规划改革要求建立数据平台，对总体规划内容的深度、精细度、准确度提出了新的要求，但一直没有形成明确的制度安排。目前被拿来做样板的广州、厦门、武汉、上海等城市因为已经形成市区的全覆盖，信息化基础较好，但并不具有代表性。一般城市虽然在总体规划中有城镇体系、村镇体系的内容，自上而下是层层嵌套的，但在具体的编制中确实各自为政，无法形成层层递进的空间体系。反观原来的土地利用总体规划，形成了成熟的分级编制、建库的管理制度。通过省级定任务—市级分解，控制中心城—县级划定扩展边界—乡镇定线的方法能逐级落实到位（表 1-3）。

表 1-3 土地利用总体规划的分级管控

市级土地利用总体规划，应当重点突出下列内容	县级土地利用总体规划，应当重点突出下列内容	乡（镇）土地利用总体规划，应当重点突出下列内容
省级土地利用任务的落实； 土地利用规模、结构、布局和时序安排； 土地利用功能分区及其分区管制规则； 中心城区土地利用控制； 对县级土地利用的调控； 基本农田集中划定区域； 重点工程安排； 规划实施的责任落实	市级土地利用任务的落实； 土地利用规模、结构、布局和时序安排； 土地用途管制分区及其管制规则； 中心城区土地利用控制； 对乡（镇）土地利用的调控； 基本农田保护区的划定； 城镇村用地扩展边界的划定； 土地整治的规模、范围和重点区域的确定	耕地、基本农田地块的落实； 县级规划中土地用途分区、布局与边界的落实； 地块土地用途的确定； 镇和农村居民点用地扩展边界的划定； 土地整治项目的安排

资料来源：《土地利用总体规划管理办法》，2017 年 5 月 2 日国土资源部第 1 次部务会议通过，2019 年 7 月 24 日废止

“上海 2035”建立了覆盖全域的空间规划体系，大量的内容在总体规划层面仅作结构性表达，通过《分区指引》形成了“刚性”的传导，而这个“刚性”更多地体现在结构性层面，而非一般理解的“一张图”一插到底。同时，作为规土合一的城市，上海已经形成了较为成熟的规划传导体系，即使是各类“刚性”控制线也是通过“市、区县和镇乡”不同层次规划予以法定化，在市级层面为结构线，在区级层面为政策区控制线，地块图斑的精准落地只在镇级规划中落实。

19. 董珂，张菁 . 加强层级传导，实现编管呼应：城市总规空间类强制性内容的改革创新研究 [J]. 城市规划，2018(1):26-34.

5 结语

目前国家空间规划体系正在构建中，城市总体规划以其全局性、综合性、空间性决定了其应当占有主导地位。城市规划师因其对整体的协调能力、多学科知识的支撑能力、对空间认识与把握能力而成为城市总体规划编制、管理的主导力量。

城乡规划应取长补短，加强与相关专业、相关规划的衔接，改变工作方法，但更重要的是坚守自身的核心理念与技术传统，为城乡发展、城乡空间提供有效的战略指引与管控。

第2篇

国土空间总体规划编制思考

第 2 章

国土空间总体规划编制的关键问题：空间一致、事权对应、目标协同[1]

各层级国土空间总体规划的重点、内容、精度、法定效力应该有所不同，本章梳理省、市、县规划中的关键问题，提出编制技术解决方案。在空间性方面，规划应处理好多尺度下的规划关系，以制图综合解决连续尺度变化，以非连续尺度变化的概念体系对应规划事权；在事权方面，规划应建立与事权对应的国土空间分区体系；在目标方面，规划应处理好国土空间规划与发展规划的关系，建立时间合拍、相对分离的近期规划。

1 国土空间总体规划编制中的问题

1.1 规划编制实践问题

2020 年 9 月发布的《市级国土空间总体规划编制指南（试行）》（以下简称《市级指南》），有效地指导了市级国土空间总体规划的编制，在编制工作中，《市级指南》还成了县、镇总体规划编制的参考文件，虽然部分省份出台了县级、镇级国土空间总体规划的编制指南，但基本上沿用了市级国土空间规划的思路。在《市级指南》发布前的 2020 年 1 月，自然资源部发布了《省级国土空间规划编制指南》（试行）（以下简称《省级指南》），提出了省级规划的总体要求、编制重点、规划论证和审批等主要内容。正在编制的省级规划在编制内容上应

1. 本文部分内容引自：王新哲，薛皓颖，姚凯 . 国土空间总体规划编制的关键问题：兼议省级国土空间规划编制 [J]. 城市规划学刊 ,2022(3):50-56. 有扩充、修改。

与市县形成了较为明显的区别，但由于《市级指南》在发布之前多次征求意见，已形成思维定势，同步开展的“三区三线”划定工作和市级规划逐渐形成稳定成果，省级规划在编制过程中一度出现表达精度、管控内容上与市县规划交叉的现象。

1.2 相关研究与主要问题

多位学者从理论基础、内涵、规划体系建构等方面进行了探讨。赵民探讨了国土空间规划体系建构的逻辑及运作策略[2]，张尚武分析了空间规划改革的议题[3]。在特定层级的规划编制方面，笔者研究了地级市及县级规划的作用与定位[4,5]，彭震伟等研究了乡镇级国土空间总体规划的必要性、定位与重点内容[6]。空间规划体系的建立一方面是发展理念转换的需求，要强调对于各类资源的保护与集约利用；另一方面是国家治理体系建设的需求，要构筑统一的空间治理体系。在统一空间体系构筑的过程中，体系的优化、完善成为规划实践需要关注的重要内容。

国土空间总体规划具有空间性、政策性和实施性，体系则表现为跨层级、多尺度的特征，同时在实施中也应适应全过程的需求。目前规划编制的突出问题主要体现在多尺度下的空间一致性问题、跨层级中的事权对应问题和全过程中的目标协同问题。

2 多尺度下的空间一致问题

2.1 国土空间规划的空间性问题

2.1.1 空间问题是国土空间规划的核心议题

从某种意义上来讲，空间规划的编制改革是从解决空间问题开始的，2017年1月，《省级空间规划试点方案》提出的四项目标基本上都与空间性相关。在“形

2. 赵民 . 国土空间规划体系建构的逻辑及运作策略探讨 [J]. 城市规划学刊 ,2019(4):8-15.
3. 张尚武 . 空间规划改革的议题与展望 : 对规划编制及学科发展的思考 [J]. 城市规划学刊 ,2019(4):24-30.
4. 王新哲 . 地级市国土空间总体规划的地位与作用 [J]. 城市规划学刊 ,2019(4):31-36.
5. 王新哲 , 钱慧 , 刘振宇 . 治理视角下县级国土空间总体规划定位研究 [J]. 城市规划学刊 ,2020(3):65-72.
6. 彭震伟 , 张立 , 董舒婷 , 等 . 乡镇级国土空间总体规划的必要性、定位与重点内容 [J]. 城市规划学刊 ,2020(1):31-36.

成一套规划成果”中明确主要问题是“有效解决各类规划之间的矛盾冲突问题”；“一套技术规程”和“一个信息平台”，除了“双评价”也基本上围绕空间一致性问题展开；最终的成果“一套改革建议”也是基本围绕空间问题开展。

结合当时的管理及实践背景，形成这种情况的原因主要有：①改革的背景是各类规划之间的矛盾冲突问题，“空间一致性”成了共同的改革诉求。②改革之前的省级“多规”基本以行政区为单位，技术的发展使得地理空间的定位具备了可能性。③在 2016 年进行的省级规划试点中选择了海南省、宁夏回族自治区，在空间尺度上接近城市级规划。④省级规划的技术基本延续了市级“多规合一”的改革成果。

土地利用规划在空间传导过程中，偏重指标控制方式，即规模控制。面对新的规划体系，专家提出除了自上而下进行指标管控之外，还应重视从空间布局、空间形态的角度来强化自上而下的空间传导，构建以“指标 + 分区”为主体的空间传导机制[7]。

专栏

2017 年《省级空间规划试点方案》节选

2017 年年底前，通过试点探索实现以下目标：

——形成一套规划成果。在统一不同坐标系的空间规划数据前提下，有效解决各类规划之间的矛盾冲突问题，编制形成省级空间规划总图和空间规划文本。

——研究一套技术规程。研究提出适用于全国的省级空间规划编制办法，资源环境承载能力和国土空间开发适宜性评价、开发强度测算、“三区三线”划定等技术规程，以及空间规划用地、用海、用岛分类标准、综合管控措施等基本规范。

——设计一个信息平台。研究提出基于 2000 国家大地坐标系的规划基础数据转换办法，以及有利于空间开发数字化管控和项目审批核准并联运行的规划信息管理平台设计方案。

——提出一套改革建议。研究提出规划管理体制机制改革创新和相关法律法规立改废释的具体建议。

7. 张晓玲，吕晓．国土空间用途管制的改革逻辑及其规划响应路径 [J]. 自然资源学报 ,2020,35(6):1261-1272.

市县级规划似乎在城乡规划时代就已解决了空间性问题，但随着空间规划体系的建立，面对多层级的规划体系和严肃的规划管理，政策性、灵活性如何体现成了问题。笔者以市级国土空间总体规划的总图为对象，分析了两级规划的空间问题，地级市规划应突出传导性、多级性和结构性[8]，市县两级规划应构筑两个层级的表达体系，区分内容表达的层级、区划的分类和定位的精度。

2.1.2 空间规划中的“一张图”思维

“多规合一”的改革尝试发轫于厦门、广州等城市的“多规合一”工作，其工作层面为控规，解决了很多的现实问题，而随后的总规改革延续控规“多规合一”的成果，如厦门“以精细化的控规土地利用规划图替代总体规划总图，作为城市发展蓝图”，虽然在 10 年后认识到了空间规划图是微观的拼合，造成总体规划的失效[9]，但“多规合一”“一张图”的认识已深入人心。

在“多规合一”阶段的工作，“几上几下”的工作方式更多体现了不同层级之间、控规与专项规划之间的协调过程。原有的总体规划或战略规划对控规起到了传导作用，但认为经“拼合”形成的“新”总规对于控规有“传导”作用，则是对于规划体系的谬解。

2.2 多尺度下的空间问题

2.2.1 多尺度是国土空间规划体系的特征

尺度问题是地理学、地图学的核心议题，大量的研究与尺度直接相关，如基础的土地类型分类就是和比例尺直接相关的，基础性的《全国 1:100 万土地类型分类系统》就是直接针对相应比例尺进行的研究，不同尺度对应不同的分类系统，1:100 万为土地类，1:20 万为土地型[10]，第三次全国国土调查实施方案也明确了图纸的比例。

相比于地理学、地图学，城乡规划、土地利用规划的尺度变化不大（但从城市规划到城乡规划也出现了尺度的不适应），容易忽视尺度问题，面对多级的规划体系需认真对待。《国际城市规划》进行了针对尺度问题议题的征文，

---

8. 王新哲 . 总图猜想 : 地级市国土空间总体规划总图特点及其应对 [M]// 孙施文 , 朱郁郁 . 理想空间第 87 辑 . 上海 : 同济大学出版社 ,2021.
9. 谢英挺 . 从理想蓝图到动态规划 : 厦门市 30 年城市规划实践评析 [J]. 城市规划学刊 ,2014(2):67-72.
10. 赵松乔 , 申元村 . 全国 1/100 万及重点省（区）1/20 万土地类型图的土地分类系统（草案）[J]. 自然资源 ,1980(3):13-24.

提出思考不同尺度的规划设计实践面临的尺度方面新问题，如何协同、如何保证规划设计成果在不同尺度层级之间传递的准确性，不会因尺度层级的改变而导致规划意图出现偏移等问题[11]，这些都是国土空间规划编制体系中的重点和难点（图 2-1）。

新时代的规划师，需要思考以下问题以具备灵活应对多尺度规划实践的能力：

——在国际化视野下的理论研究和规划实践中，对于尺度的理解有什么差异？

——不同空间尺度的基本规律和基础理论如何厘清？

——不同尺度的研究方法和技术模型有什么新发现？

——国土空间—区域—城市—片区—街区等不同尺度的规划设计实践面临哪些尺度方面的新问题？如何协同？

——如何保证规划设计成果在不同尺度层级之间传递的准确性，不会因尺度层级的改变而导致规划意图出现偏移？

……

图 2-1《国际城市规划》针对尺度问题征文的议题
资料来源：国际城市规划 . 议题征文：尺度 [EB/OL].（2021-06-01）[2023-11-01].http://www.upi-planning.org/articles/DynaInfoCon.aspx?Mid=111124110745125&ID=21491.

2.2.2 多尺度下空间属性的变化与“图数一致”问题

在空间规划中，“图数一致”被认为是评审中的考核要点，在未来五级三类的规划评审中，如何判定上下位规划传导的准确性，“图数一致”或是“一定误差范围内的图数一致”势必成为一道硬标准。然而，在实践过程中，省级到市县级的尺度变化较大，无论从制图角度抑或从规划管理角度，“图数一致”在评判省级到市级传导有效性上并不适用。

在制图过程中，因为尺度变化需要对图纸进行缩编，即图中的地理信息会因尺度变化产生精度的不同，导致边界形状不同，其计算面积自然也不相同，

11. 国际城市规划 . 议题征文 : 尺度 [EB/OL].(2021-06-01)[2023-11-01].http://www.upi-planning.org/articles/DynaInfoCon.aspx?Mid=111124110745125&ID=21491.

而各级比例尺中图形的面积与地物的真实面积更是千差万别。因此在《基础地理信息标准数据基本规定》（GB 21139—2007）中，对 11 项数据内容的要求，均为名称、位置和属性，却并不要求面积、长度等计量信息。

空间规划是以地理信息作为基础参照所进行的，既然地理信息在不同尺度间图数不同，那么规划内容在不同尺度之间同样无法找寻图数对应关系。另外，在省级规划中，规划要素的"面积"并非用于实地建设或管控，而多用于横向比较、纵向比较或比例分配等，与图斑管控的落地"面积"完全不同。省级规划作为一种小比例尺的规划，面积计量精度并不高，取市县级的图斑"面积"与省级的概念性"面积"作校核显然是不科学的。

《第三次全国国土调查技术规程》关于农村土地面积计算的规定中出现了一个图斑有"图斑面积"及"图斑地类面积"2 个数值，其中的差值为未在图中绘制的田坎面积。这个针对耕地的特殊设置解决了"地块面积"与"实有面积"的问题，如果这个图斑被划定为永久基本农田，则图斑边界为基本农田保护红线，基本农田面积为"图斑地类面积"，表面上是图数计算的复杂性，在规划编制中就是跨层级表达的问题。在各层级总体规划中，基本农田还有一系列不同的围合面积：根据《土地利用总体规划管理办法》，"基本农田保护区"在县级土地利用总体规划划定，就是基本农田保护红线围合的区域；市级层面划定的是"基本农田集中区"是基本农田所占比例较大的区域，其中围合了机耕路、水渠甚至农村居民点。即便是在农田非常集中的平原粮食主产区，"基本农田集中区"的面积也要比基本农田保护区面积多 10% 左右，相应的零星基本农田在市级规划中不表示，多数情况下一增一减基本抵消，图上的"基本农田集中区"与基本农田保护区面积接近，但这种"巧合"掩盖了不同层级之间的差异（图 2-2），在国土空间总体规划中如果直接将"基本农田集中区"冠以"永久基本农田"则是对于"上下一致"的误解、体系的错乱。

根据 2021 年下发的全国五个试点省"三区三线"试划规则，城、镇"201"和"202"属性用地"不打开"，其中包含的农林用地、坑塘水面等多种非建设用地均被计算为"城镇用地"，也是为了解决总体规划不同层面的"图数一致"问题（图 2-3）。

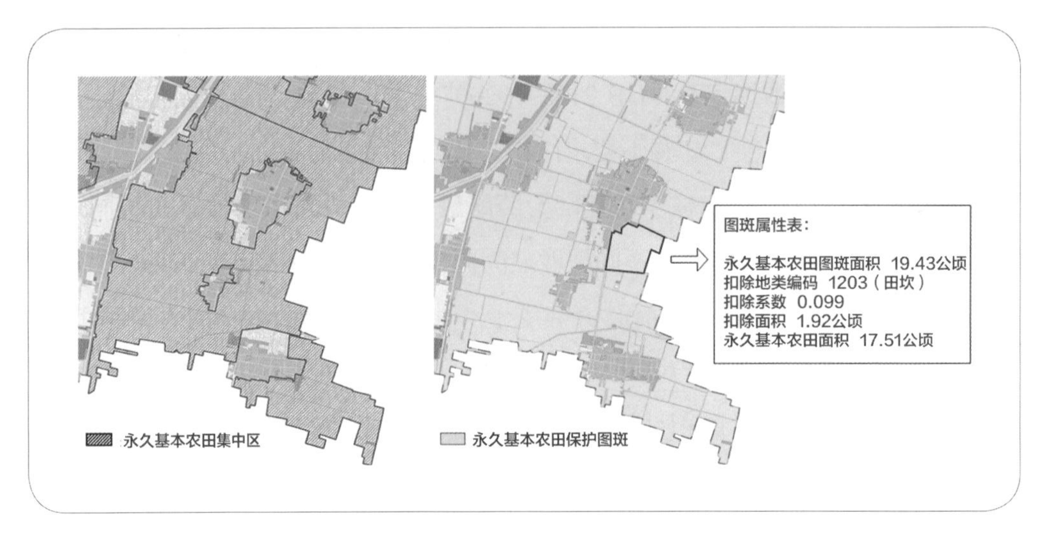

图 2-2 永久基本农田集中区，永久基本农田保护图斑及其多种面积属性示例

图 2-3 城镇用地“不打开”示例

从上面的分析可以看出，不同的概念仅存在于特定尺度、规划层级之中，在规划体系中简单的“图数一致”不能满足管理要求，一种解决方法是设定较为复杂的用地属性，图数一致对应的是属性而不是图形面积；另一种方法是建立不同层级的空间概念。

2.3 国土空间规划多尺度空间体系建构

2.3.1 以制图综合解决连续尺度变化

在地图制作中，制图综合是必备的技术工具，由于不同自然地物在不同比例尺、不同主题的地图中反映的精度、特征等要求不同，需要按照一定的规律和法则对要素进行选取、概括、夸大、移位，用以反映制图对象的基本特征、典型特点及其内在联系，目的是在连续的尺度变化中呈现同一概念信息。所谓连续尺度变化，强调上下概念的一致性，例如，在各级比例尺的地图中，一条河的要素或线或面、或曲或直都代表了这条河，地理信息本身的内涵不随尺度变化而改变。但是，规划中的各个层级的变化逻辑与制图综合的逻辑并不完全相同。部分要素在连续的尺度变化中可以使用制图综合进行多尺度表达，例如道路、河道及工程性要素。同质性的面状要素（异质性内容可以通过“不打开”的方式进行归并）也可以部分采用制图综合的方式进行双向综合。

规划中的尺度变化并非连续，其逻辑与制图综合的逻辑并不相同。部分人可能存在误区，认为上位规划是下位规划的缩略图，下位规划是上位规划的展开细化，甚至期待下位规划完成后可以通过拼合并采用制图综合手段直接使用，在上下一致性判定中可以使用图形算法进行校核。然而，无论是自上而下，还是自下而上，各级规划之间并非数字化的图形变换，而是基于不同出发点，采用不同规划方法的全新设计。周宜笑、谭纵波总结了德国空间要素纵向传导的路径，其中的“图斑要素”对于我国多级的空间规划体系具有参照作用。各级规划的空间约束力具有非常明确的分工[12,13]，规划内容在特定的规划层级有着特定含义，任何层级的内容都无法被比例尺间的制图综合结果所替代。

2.3.2 以非连续尺度变化的概念体系对应规划事权

市级规划确定指导方案、县级规划划定遵循了“方案”深化的过程，强调了上位规划在下位规划编制过程中的作用，按照这个逻辑，应该是下位规划批

12. 从联邦到地方各个层级的规划文本中，除保护性边界外，联邦和州并不直接介入地方城市规划的图斑划定工作。州空间秩序规划中的图示虽然采用数据化的地图为图底，但其内容并不涉及精确至地块的详细图斑，而主要对中心地系统、大型基础设施等要素进行结构化安排。地区空间秩序规划除包含与州层面类似的概念化图示外，通常还具有以 1：50000 左右的比例尺绘制的用地图集，所含各类图斑要素与地方层面划定的用途类型和法律依据均存在差异，常以自然要素、道路等为边界，误差控制在 100 米以内，并对公共机构具有普遍的约束力。地方层面，法定土地利用规划和建造规划相应图斑通过建设许可程序对第三方的建设行为产生法律约束力。

13. 周宜笑，谭纵波．德国规划体系空间要素纵向传导的路径研究：基于国土空间规划的视角 [J]. 城市规划，2020,44(9):68-77.

准之时同时废止上位规划，但显然不是这样的，每个层级的规划不只是在下位规划编制过程中发挥作用，而应该既是一级政府发展管控的蓝图，同时又是下位规划修编的依据。

国土空间用途管制体系与空间的尺度效应相契合是政策顺利施行和高效运行的基础和保障[14]。当前和未来健全国土空间规划体系要考虑分类系统表达的层级与类型的空间尺度转换、空间解耦表达的影响因素作用分量及作用机理、分辨精度表达的国土空间结构有序性的调控范畴、行政层级的责权关系[15]。

3 跨层级中的事权对应问题

3.1 规划事权的分化

3.1.1 地方分权化下的规划事权重组

中央向地方政府下放权力，是国家行政体制改革的主轴，是政府职能转换的重要突破口。国土空间规划体系建立之前，相关法律对于土地利用总体规划和城市（城乡）总体规划的编制、审批、监督有明确的规定，但由于每个层级的总体规划事实上包含了不同层级的规划事权内容，造成了相关规划在纵向与横向上的冲突。“一级政府、一级事权”成为总体规划改革的重要方向。

但五级总体规划体系下，目前各级规划在编制实践中关注同样内容，成果趋于一致，造成了对“分化治理”初衷的改变[16]，出现了为了完成最“底层”的县级总体规划而开展国土空间规划编制活动的现象，这明显是对国家构建国土空间规划体系初衷的误解，需要对规划事权进行明确。

3.1.2 技术赋能下的科层制约

科层制是德国社会学家马克斯·韦伯提出的社会组织内部分层分等、各司其职的组织结构形式及管理方式。但信息技术的发展，为扁平化的管理提供了技术支撑。关于技术与科层的关系，已有许多研究从结构、价值等维度展开论争，

---

14. 岳文泽，王田雨．中国国土空间用途管制的基础性问题思考 [J]. 中国土地科学，2019,33(8):8-15.
15. 樊杰．地域功能-结构的空间组织途径：对国土空间规划实施主体功能区战略的讨论 [J]. 地理研究，2019,38(10):2373-2387.
16. 荀春兵，李荣，韩永超，等．“央地关系”改革视角下国土空间规划体系构建思考 [J]. 规划师，2020(10):58-63.

大致形成了相对清晰的两种判断：技术赋能与科层制约。实行技术治理的过程中，科层逻辑依然显著，且“技术赋能”与“科层制约”在不同层级政府之间存在显著的差异[17]。

“三线”划定是一个典型的技术赋能与科层制约矛盾关系的例子，技术的发展使得统筹管理“三线”并构建全国“一张图”系统成为可能。2021 年，中央在山东、浙江等五个省部署开展“三区三线”划定试点工作，进行了多轮的“试划”，对于地方政府加深认识、设计人员技术探索、全国形成统一规则起到了显著的作用，但同时也造成一些误解：国土空间总体规划就是划三线，三线自下而上汇总成各级规划。这都是对于三线试划工作的误读，直接影响到各级规划的编制。

保持各层级规划的稳定性、独立性就是明显的“科层制约”。在空间规划体系中应强调事权的对应，不应因技术的发展和局部管控要素的下沉而忽视了规划的层级差异。从土地用途管制的体系来看，直接面向土地开发的是县级的土地用途管制（市级规划中市辖区规划达到县级深度），技术的发展也足以支撑“全国一张图”，但规划体系依然强调分层分级、“一级政府、一级事权”，同时选择关键的控制线作为中央政府“直通”管理途径。

在空间规划体系落实、优化的过程中，应强调层级的对应，不应因技术的发展和局部管控要素的下沉而忽视了规划的层级。

3.2 基于土地发展权的管控与博弈

3.2.1 土地发展权是空间规划的关键事权

林坚、许超诣指出空间规划的实质性问题是土地发展权，并基于土地发展权的空间管制形成中国特色空间规划体系。我国存在两级土地发展权体系：一级土地发展权隐含在上级政府对下级区域的建设许可中，二级土地发展权隐含在政府对建设项目、用地的规划许可中[18]。黄玫进一步将对空间资源开发利用进行限定和引导的权力整合为国土空间规划权，并视为治理工具，并系统梳理了国土空间规划权在实施全过程、各环节中的权力关系，构建了治理和博弈论视

17. 陈那波，张程，李昊霖 . 把层级带回技术治理：基于“精密智控”实践的数字治理与行政层级差异研究 [J]. 南京大学学报 (哲学 · 人文科学 · 社会科学),2021,58(5):45-53.

18. 林坚，许超诣 . 土地发展权、空间管制与规划协同 [J]. 城市规划 ,2014,38(1):26-34.

角下的国土空间规划权的优化路径[19]。

总体来说，土地一级发展权是中央和省级政府的事权。“农转用”的权力主要在中央。2020 年 3 月，国务院出台《国务院关于授权和委托用地审批权的决定》，赋予省级人民政府更大用地自主权。在地方政府竞争、发展中，土地成为地方财政的重要来源，城市扩张成为惯性的诉求。而新发展理念就是要转型、遏制这种趋势，建设用地指标成为全国和省级规划的博弈重点。

3.2.2 省市博弈与创新

就指标配置单元而言，由于我国幅员辽阔，地区发展差异较大，行政管理体制也不尽相同，因此各省对于土地开发权分解到哪级行政单元也存在相当差异，如北京、上海等直辖市是省级城市型政府，对土地开发权可以按照城市实施全面统筹精细化配置；如浙江、海南、宁夏等国土面积相对较小、实施省直管县的省区，对土地开发权往往按照以县为单元进行配置；其他大部分省区则强调省对地级市的配置与管控，少数民族和边疆地区还有其特殊的相关要求。

市县规划必然要以“自身效率”为出发点，谋求城镇规模的最大化。另外，省级规划目标长远，强调对全局的把控，市县规划相对聚焦近期行动，但又不能放弃对远期不确定性的空间预留，这就造成了计划体制中的中央—省统辖权与市场治理中的地方治理权之间的矛盾张力集中在“三线”划定上，特别是在城镇开发边界的划定过程中，表现得尤为突出，在建设用地特别是耕保要求极高、城镇建设用地增量指标非常有限的情况下，省市两级规划虽然同步编制，但是各市上交的开发边界需求汇总远远大于省级控制规模。

3.2.3 基于土地发展权的省市县规划管控

从省市博弈来看，地方对于土地的诉求可以细分到“建设用地—城市建设用地—中心城区城市建设用地”。采用总量控制还是增量控制，全口径还是城镇建设用地，中心城还是所有城镇，体现了不同的管控思路。

在市级规划中，下辖市县规划的“指标”、开发边界的大小成为上下博弈的焦点。出于自身的发展需求，市级规划的“协调”往往主要体现在对于下辖

---

19. 黄玫 . 基于治理和博弈视角的国土空间规划权作用形成机制研究 [M]. 北京：中国建筑工业出版社 ,2021.

县市的“盘剥”。部分省份由于“省管县”体制，或抑制市对县的“盘剥”，省直接确定县级规划边界的指标，但同时减弱了市级规划的统筹协调作用。

中央提出土地资源“盘活存量在地方”，包括“增减挂钩”在内的各项土地发展权转移政策成为探索的方向。城乡建设用地增减挂钩指标则在刚性约束指标之外，是一种地方政府可通过有偿获得土地发展权的方式，属于弹性土地发展权指标[20]。而通过精准扶贫等政策，相关指标交易也从省内走向跨省。在国土空间总体规划中，应加强对于土地开发权的管控，形成与事权对应的管控体系与规则，既不能管死又不能失控，如何形成刚弹结合、各级分工的用地规模控制体系考验各级政府的管理智慧。

3.3 国土空间分区体系优化

用地分区是国土空间规划进行用地管制的主要手段。2019 年自然资源部进行了用地分区与分类的研究，并发布了征求意见稿，最终纳入《市级指南》，对此，一种观点认为其还不成熟，先在市级国土空间总体规划中试用；另一种观点认为这个分区方案仅适用于市级总体规划。本书更倾向于后者，对于不同层级的分区不存在“逐级深化”的关系，而是“各司其职”。

管制实施中需协调好实体空间、功能空间与管理空间的关系。同时，异质性、动态性与尺度性等主要空间属性影响着管制实践的效率[21]。林坚等区分了“区域型”国土空间和“要素型”国土空间，非常精练地概括了“国—省”与“市—县”在分区上的差别[22]。在国家级的规划中，往往与行政区划衔接，空间治理的主体一般由某一级政府责任主体承担；在省级规划中，更加强调相关区域在省级尺度上进行“识别”。在县级总体规划中，其范围的确定要综合考虑自然地理、行政管理、权益所有者等各方面确定管理单元。位于“省—县”之间的市级规划属于“过渡”层次，规划分区作为国土空间“基本分区”，重点考虑资源的使用功能，空间上要同时兼顾“一片片”与“一块块”。

在《省级指南》中，明确要落实国家级主体功能区，并提出可结合实际按照主体功能定位划分政策单元。由于县域内各镇差距较大，在规划实践中有大

20. 田莉，夏菁 . 土地发展权与国土空间规划：治理逻辑、政策工具与实践应用 [J]. 城市规划学刊 ,2021(6):12-19.
21. 岳文泽，王田雨 . 中国国土空间用途管制的基础性问题思考 [J]. 中国土地科学 ,2019,33(8):8-15.
22. 林坚，刘松雪，刘诗毅 . 区域—要素统筹：构建国土空间开发保护制度的关键 [J]. 中国土地科学 ,2018,32(6):1-7.

量将主体功能区划“细化”到镇的思路。樊杰指出，主体功能区是大尺度空间塑造国土空间开发保护格局的有效途径，主体功能区在完成国家和省域尺度空间格局方案之后，在地市和县乡，主体功能便不再是“主体”之功能，而转变为具体的地域功能[23]。

建议省级主体功能区划对国家级规划进行补充（国家级规划未做到全覆盖，需要省级规划补充）。省级区划按照“城镇空间（城市化发展区）、农业空间（农产品主产区）、生态空间（重点生态功能区）”的思路[24]，按照地理空间进行土地分区管制，为市县分区提供指引，建议三类分区重新命名，可不全覆盖，为市级规划留出弹性，形成如下的管制体系（表 2-1）。

在县级规划中，理论上应该形成相对独立的分区体系，但考虑到未来行政管理的扁平化趋势及业已形成的工作习惯，将市县分区合并为一个逻辑体系，市级规划为一级分区，县级规划进一步细化至二级分区。在《市级指南》附录中的二级分区显然不能满足县级规划的需要，需要在《县级指南》编制中进一步优化。

表 2-1 多层级空间分区方案

分区单元	主体功能区划	用途分区			用地分类
分区目的	政策指引	资源识别	用途设定	单元划定	要素管制
分区方式	县级行政单元	以地理空间为主的“区域”单元	一级分区	二级分区	以权利空间为主的“要素”单元
规划层级			功能单元	管理单元	
国	●				
省		●			
市			●		●（中心城区）
县				●	●
镇					●

23. 樊杰 . 地域功能 - 结构的空间组织途径：对国土空间规划实施主体功能区战略的讨论 [J]. 地理研究 ,2019,38(10):2373-2387.

24. 在《省级指南》中，未提到对应的分区，仅分生态空间、农业空间、城镇空间进行了表述，并在规划成果中明确了相应的三张规划图为必备图件。但这三类空间中的农业和城镇空间在省级尺度上是无法进行“落图”的，如镇区按照分类应该在城镇空间，但由于尺度及数量问题，其不可能从农业空间中“剔除”，相应的城镇空间除一些大城市外，基本不到可以显示形态的尺度。

同时由“主体功能区划—用地分区—用地分类”形成的传导体系不是简单的树状对应关系（图 2-4），为各级政府根据事权划分进行合理的优化提供了可能。

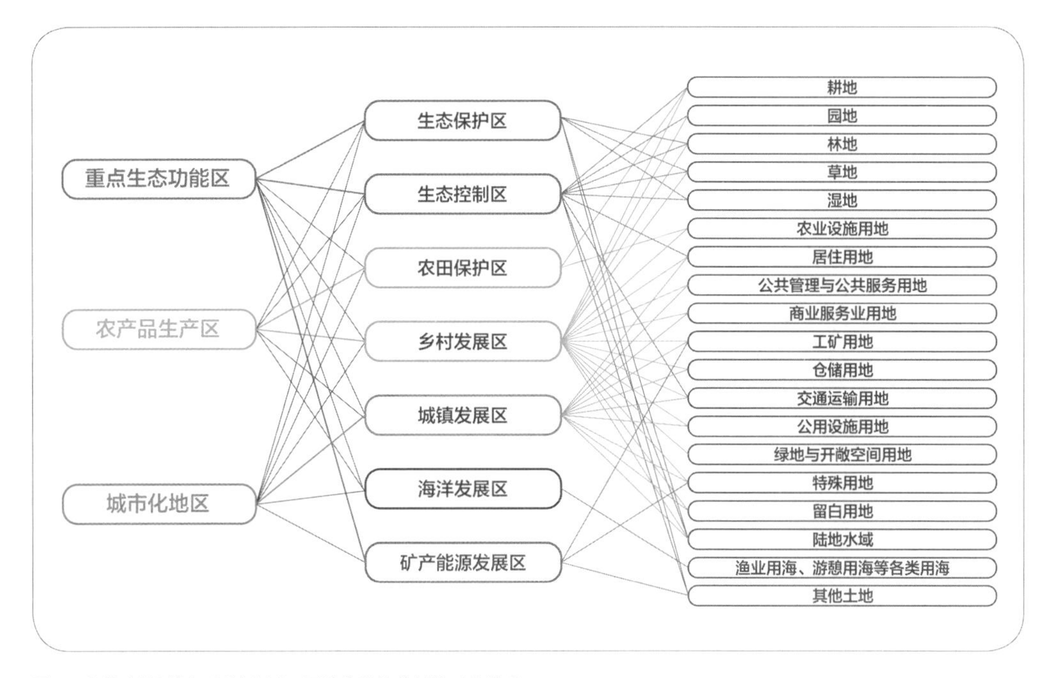

图 2-4 主体功能区划—用地分区—用地分类的非树状对应关系

4　全过程中的目标协同问题

4.1　发展规划与空间规划

4.1.1　发挥国家发展规划的统领作用、空间规划的基础作用

空间规划是具有公共政策属性的，这是在空间类规划不断演进的过程中形成的认识。而生来就具有政策性的规划当数发展规划，在“多规”共存时代，城乡规划、土地利用规划与发展规划就存在着“不一”的状况，最终城乡规划、土地利用规划和主体功能区划统一形成了空间规划，与发展规划形成了并存的关系。

2018 年 11 月，中共中央、国务院发布《关于统一规划体系更好发挥国家发展规划战略导向作用的意见》强化国家发展规划的统领作用、空间规划的基础作用。在国家层面上给予了统一，并在文末提到了“省级及以下各类相关规划编制实施参照本意见执行”。

4.1.2 发展规划与空间规划目标与战略的协同

黄亚平总结了发展规划与空间规划的目标及战略协同[25]，指出各级规划的关系。在具体实践中，市县往往可以做到“合一”；在国家层面，已经明确了“国家级空间规划以空间治理和空间结构优化为主要内容”；在省级规划中，基本延续国家级规划的关系，国土空间规划立足于自然资源部门的事权。但考虑到国土空间规划的战略性与引领性，应适当突出国土空间规划目标的综合性。

4.2 全过程导向下的近期规划

4.2.1 与发展规划时间合拍的近期规划

在关于发展规划与空间规划的讨论中，时限不一致成了焦点，用五年规划指导十五年规划本身就有其不合理性，但同时也应该看到，五年规划正逐步演化为“五年规划与中长期发展规划”，给“时间合拍”创造了条件。但实际操作中，因其实施性、与政府任期的一致性，发展规划的重点还是五年规划，空间规划与发展规划的协调也应以近期规划为重点。

空间规划体系下，近期规划的地位和作用尚不明晰，面向实施、加强规划的行动维度是当前空间规划编制改革的重要方向。上海市总体规划成果体系中，明确了《行动规划大纲》是从时间维度统筹推进规划实施的操作性文件，目的在于建立总体规划实施过程中目标管理和过程控制的机制[26]。

对于近期规划，可能存在两种模式：一种是城市总体规划的模式，采用“总体规划包含近期规划”模式；另一种是“总体规划 + 行动规划”模式，类似于上海市总体规划的探索，总体规划相对稳定，通过阶段性的近期规划编制推动总体规划的实施。从逻辑关系上来讲，后者更有利于规划的稳定性和实施性。

4.2.2 与总体规划相对独立的近期规划

在规划的实践中，规划管理、编制方出于对规划的严肃性认识，尽可能地将近期的设想在规划中表达，这种看似对于规划的重视其实影响了规划的严肃

25. 黄亚平 . 市县发展规划与国土空间规划的关系与融合互促 [EB/OL].(2022-01-20)[2023-11-01].http://www.planning.org.cn/news/view?id=12138.
26. 张尚武 , 王颖 , 王新哲 , 等 . 构建城市总体规划面向实施的行动机制 : 上海 2040 总体规划中《行动规划大纲》编制与思考 [J]. 上海城市规划 ,2017(4):33-37.

性、战略性。同时由于“总规—详规”的关系尚不明确，“市级规划做到分区，县级规划做到分类”“市域做分区，中心城做分类”一度成为主流的观点，但这种做法也削弱了总体规划的政策性，看似“精细化”的控制，事实上忽略了规划的弹性及对市场的应对，实际上弱化了总体规划的刚性。如果明确将近期规划单列并同步编制，可为有效地解决这种问题提供载体。

2021 年上海市人民政府批复了《上海市国土空间近期规划（2021—2025 年）》，该文件成为首个正式获批的独立的国土空间近期规划。这似乎可以“替代”远期规划或与之“并列”成为下位规划的依据，但从目前的法律规定来看尚不能明确。同时上海市总体规划构建了空间留白机制，以远近结合、留有余地的原则为未来发展留足稀缺资源和战略空间，保障了“十四五”重大举措与空间规划的一致性[27]，为正在编制的其他国土空间规划的战略性和弹性应对提供了良好的范例。

5 结语

作为空间治理工具创新的国土空间规划，其作用的发挥程度与体系的完善密切相关。体系的完善依赖于规划主体、对象与载体的统一。国土空间总体规划的对象是国土空间，主体是规划管理，载体是规划成果，空间的异质性、管理的层级性、实施的动态性造成了现有的问题。问题虽然分了三个维度，但其实是相互关联的。空间规划体系优化需要政策工具的不断创新、强化多尺度空间认识、优化跨层级分区体系和坚定全过程战略目标（表 2-2）。

表 2-2 国土空间总体规划体系特征、问题与建议

维度	特征	问题	原因	优化建议
空间	多尺度	尺度交叉	空间异质性	强化多尺度空间认识
管理	跨层级	层级错位	管理层级性	优化跨层级分区体系
实施	全过程	目标偏离	实施动态性	坚定全过程战略目标

27. 屠启宇 . 试论新发展阶段城市空间部署的规划协同 : 以上海市“十四五”发展规划和 2017 版空间规划为例 [J]. 城市规划学刊 ,2021(2):33-37.

第3章

省级国土空间总体规划编制的思考：战略引领、结构控制、资源配置[1]

分析省级规划在编制中的关键问题，结合省级国土空间规划的实践，突出强调省级国土空间规划的统领性、强调省级空间规划中的结构控制作用、增强省级规划建设用地规模配置的灵活性。

《若干意见》提出构建“五级三类”国土空间规划体系，其中省级国土空间规划“是对全国国土空间规划的落实，指导市县国土空间规划编制，侧重协调性，由省级政府组织编制，经同级人大常委会审议后报国务院审批”。2020年1月发布的《省级国土空间规划编制指南》（试行）（以下简称《省级指南》）在《若干意见》的基础上又进一步明确省级国土空间规划是“一定时期内省域国土空间保护、开发、利用、修复的政策和总纲”，“在国土空间规划体系中发挥承上启下、统筹协调作用，具有战略性、协调性、综合性和约束性”。

省级政区作为我国的一级政区是传达中央战略意志、制定地方执行规则的重要层级。特别是2018年中共中央印发的《深化党和国家机构改革方案》和2020年国务院印发的《国务院关于授权和委托用地审批权的决定》，明确地赋予了省级政府在资源管理等多方面更多的自主权。

1. 本文部分内容引自：王新哲，薛皓颖，姚凯．国土空间总体规划编制的关键问题：兼议省级国土空间规划编制 [J]. 城市规划学刊，2022(3):50-56. 有扩充、修改。

1 相关研究与主要问题

1.1 国土空间规划体系建立之前的探索

在建立国土空间规划体系之前，省级规划的统筹管控力度相对较弱，主要存在三种类型：一是省级主体功能区规划，二是省级土地利用总体规划，三是省域城镇体系规划。主体功能区规划和城镇体系规划属于“区域型”规划，战略格局与政策性相对强而对资源要素的管控相对弱，土地利用总体规划属于“要素型”规划，重在指标管控，但“数”与“图”协调性相对欠佳。基于“多规合一”的国土空间规划体系构建，实质上是要发挥“区域型”与“要素型”两种规划的合力，在省级层面突出战略格局管控、要素底线管控和治理体系建构三方面的作用。

2016 年进行的省级规划试点选择了海南省、宁夏回族自治区，在空间尺度上接近城市级规划，省级规划的技术基本延续了市级“多规合一”的改革成果，未能突出其战略、结构性的作用。

1.2 省级国土空间规划相关研究

在省级层面对规划编制的思考集中在早期的省级空间规划试点，余云州、罗彦等基于广东省国土空间规划分析了新时代省级国土空间规划的特性与构建，是为数不多的基于本轮省级规划实践的研究总结[2,3]。

自然资发〔2019〕87 号《自然资源部关于全面开展国土空间规划工作的通知》对于省级规划的审查要点进行了明确，2020 年《省级指南》明确了省级规划编制的总体要求、基础准备、重点管控内容、指导性要求、规划实施保障、公众参与和社会协调、规划论证和审批。

2. 余云州，王朝宇，陈川．新时代省级国土空间规划的特性与构建：基于广东省的实践探索 [J]. 城市规划，2020,44(11):23-29.
3. 罗彦，邱凯付，樊德良．省级国土空间规划编制实践与思考：以广东省为例 [J]. 城市规划学刊，2020(3):73-80.

专栏

省级国土空间规划审查要点

自然资发〔2019〕87号《自然资源部关于全面开展国土空间规划工作的通知》对于省级规划的审查要点进行了明确：

按照“管什么就批什么”的原则，对省级和市县国土空间规划，侧重控制性审查，重点审查目标定位、底线约束、控制性指标、相邻关系等，并对规划程序和报批成果形式做合规性审查。

省级国土空间规划审查要点包括：① 国土空间开发保护目标；② 国土空间开发强度、建设用地规模，生态保护红线控制面积、自然岸线保有率，耕地保有量及永久基本农田保护面积，用水总量和强度控制等指标的分解下达；③ 主体功能区划分，城镇开发边界、生态保护红线、永久基本农田的协调落实情况；④ 城镇体系布局，城市群、都市圈等区域协调重点地区的空间结构；⑤ 生态屏障、生态廊道和生态系统保护格局，重大基础设施网络布局，城乡公共服务设施配置要求；⑥ 体现地方特色的自然保护地体系和历史文化保护体系；⑦ 乡村空间布局，促进乡村振兴的原则和要求；⑧ 保障规划实施的政策措施；⑨ 对市县级规划的指导和约束要求等。

1.3 主要问题

由于多级规划同编，又面临“十四五”规划的制订，省级国土空间规划编制在规划的战略性、协调性、综合性和约束性等方面均有一些不适应，具体表现为在规划的战略性方面与“十四五”规划的关系不明确；“聚焦空间”使国土空间规划缺乏综合性；将协调性简化为拼合市级规划；约束性方面缺乏省级引领等。

省级国土空间规划的实践，应突出强调省级国土空间规划的统领性、强调省级空间规划中的结构控制作用、增强省级规划建设用地规模配置的灵活性。

2 强调省级国土空间规划的统领性

2.1 加强对国家战略的落实

省域的发展目标一方面要基于对于省域发展条件、资源承载力的分析，更要落实国家区域发展战略。区域政策是根据区域差异而制定的用以协调区域间关系和区域宏观运行机制的一系列政策之和，广义的区域政策，是以政府为主体，以协调区域经济发展为对象，为弥补市场在空间范围配置资源失灵而采取的相应对策的总称。区域政策是中央政府促进区域协调发展、优化空间布局结构、提高资源空间配置效率的重要途径和手段。

党的二十大报告提出，要深入实施区域协调发展战略、区域重大战略、主体功能区战略、新型城镇化战略。应从不同空间尺度、区域类型和功能定位推动战略重点区域加快发展，发挥对区域经济发展布局的示范引领和辐射带动作用。其中，区域协调发展战略、主体功能区战略、新型城镇化战略已经融入发展的理念、思路之中，而区域重大战略是党的十八大以来实施的京津冀协同发展、长江经济带发展、粤港澳大湾区建设、长三角一体化发展、黄河流域生态保护和高质量发展等若干区域发展战略。

海南省地处我国最南端，生态、旅游是其基于本底自然条件的定位，而海南自由贸易港则是国家赋予的重大战略使命，无疑在其战略定位中占据重要地位，2023年9月国务院关于《海南省国土空间规划（2021—2035年）》的批复中明确：深入实施区域协调发展战略、区域重大战略、主体功能区战略、新型城镇化战略、乡村振兴战略和海洋强国战略，促进形成主体功能明显、优势互补、高质量发展的国土空间开发保护新格局，深入落实中国特色自由贸易港的空间部署，加强与粤港澳大湾区建设、长三角一体化发展等重大国家战略协同布局，打造21世纪海上丝绸之路重要战略支点。批复凸显了省级国土空间规划中落实国家战略的重要性。

2.2 以空间规划统领省域发展

在“国—省—市”的空间规划体系中，省级政府强调资源要素的保护、开发权的分配，更接近于中央事权，而发展规划则更多地体现为在国家统一政策下的地方发展统领，由此造成了空间规划与发展规划在省级层面的分异。如在城镇格局上，空间规划趋向于选择“理想”的相对均衡的区域发展格局，而五年规划出于效益的最大化，往往选择“务实”的中心城市极化模式。

虽然《省级指南》中明确了近期规划内容，但主要强调指标和重点建设任务的落实。从省级规划“协调性”的定位来看，实施性不是重点。从这一轮的省级规划实践来看，发展规划中的项目清单与国土空间规划还存在着时间、空间、规模的不匹配。省级规划面临多个市级经济体，在规划的管控与实施方面更加考验规划的历史耐心和战略定力[4]，要妥善处理国土空间开发管控要求与项目发展需求之间的矛盾[5]。

在省级规划中，空间规划相对严谨，且有上级政府审批的环节，能够较好地贯彻国家级规划的要求，而地方发展规划更多地体现为地方发展策略，所以从规划关系来看，应该是强调空间规划的引领作用、发展规划的落实作用。虽然本轮空间规划已滞后于发展规划，面临着时间上处于从属地位的问题，但不应一味强调“以发展规划为依据”。

3 强调省级空间规划中的结构控制作用

3.1 加强结构控制

在省级规划编制过程中，规划主管部门对于市县规划有指导、协调的工作要求，省级规划不应该是市县规划的“整合图”。在省级规划中，重点解决跨市域的基础设施、城市发展方向协调问题，城镇群成为省级规划空间格局管控的重要内容。

在五级规划同步开展的情况下，省级规划有条件将市县的规划进行“汇总”，但省级规划的重点是解决跨市域的空间格局、基础设施、城市发展方向协调问题等，要强调格局管控。省、市“一张图”所体现的更多的是协调平台的作用，而非传统意义上的“传导”。省级规划中的城市布局形态往往并不是“自上而下”进行“传导”的，多数是由下级规划方案“纳入”的。周宜笑、谭纵波指出德国空间规划中联邦和州并不直接介入地方城市规划的图斑划定工作。如德国联邦 2016 年的《德国发展的理念与战略》中，每项“理念”的示意图均注明了“不具有规划意图”的字样；州空间秩序规划中的图示虽然采用数据化的地图为图底，但其内容并不涉及详细图斑[6]。

4. 屠启宇 . 试论新发展阶段城市空间部署的规划协同：以上海市“十四五”发展规划和 2017 版空间规划为例 [J]. 城市规划学刊 ,2021(2):33-37.
5. 黄亚平 . 市县发展规划与国土空间规划的关系与融合互促 [EB/OL].(2022-01-20)[2023-11-01].http://www.planning.org.cn/news/view?id=12138.
6. 周宜笑 , 谭纵波 . 德国规划体系空间要素纵向传导的路径研究：基于国土空间规划的视角 [J]. 城市规划 ,2020,44(9):68-77.

3.2 强调系统性要素

对于交通、基础设施等线性要素的控制是区域规划的主要任务，这是显而易见的，对于一些点状的要素在规划中应强调其整体联系，形成系统性的管控。如对于自然历史文化遗产的保护，在省域尺度上除了进行全面的名录保护外，还要强调其系统性。

贵州省自然文化遗产丰富，在省级国土空间规划中进行了“魅力国土空间保护利用研究”，立足全省资源、环境现状，识别贵州生态特色及文化特色资源，挖掘空间魅力内涵；研究魅力空间的分布与政策、对策；构建贵州魅力国土空间体系，提供了一个完整的魅力国土空间研究范本。更加关注文化要素价值，改变点状、小尺度保护体系，激发活力，塑造全局性系统，促进保护与发展联动。建立了分类型、分层级，具有贵州魅力的空间要素体系，成为本次贵州省国土空间规划中特色发展篇章最重要的支撑。

4 增强省级规划建设用地规模配置的灵活性

4.1 省级规划中的建设用地规模配置

国土空间规划编制过程中，建设用地指标仍然是各级政府关注的重点，其实质是围绕土地发展权的博弈。在我国“行政发包制”的治理体制下，中央是土地管理委托方，省作为中间层地方政府是承包方，市县作为基层政府是代理方[7]，土地一级发展权主要掌握在中央和省级政府手中，因此省级国土空间规划有别于市县规划，对地方开发权具有决定作用，主要反映在对建设用地的指标总体管控与空间配置上。

就指标内容和构成而言，我国现有的指标管理类型主要包括土地利用总体规划指标、土地利用年度计划指标、耕地占补平衡指标、城乡建设用地增减挂钩指标等[8]。原土地利用总体规划对建设用地指标的分配涉及城乡建设用地、特交水用地和省级预留指标。《省级指南》明确省级规划控制的区域建设类指标

---

7. 夏菁，田莉，蒋卓君，等．国家治理视角下建设用地指标分配的执行偏差与机制研究 [J]. 中国土地科学，2021,35(6):20-30.
8. 田莉，夏菁．土地发展权与国土空间规划：治理逻辑、政策工具与实践应用 [J]. 城市规划学刊，2021(6):12-19.

主要是两项：一是国土开发强度，实际上涉及全口径建设用地规模总量和规划期新增量，为预期性指标；二是城乡建设用地规模，为约束性指标。

就指标配置思路而言，《省级指南》要求省级国土空间规划“以严控增量、盘活存量、提高流量为基本导向”，确定目标、指标与实施策略，提出建设用地结构优化、布局调整的重点和时序安排。指标分解思路为：“遵循节约优先、保护优先、绿色发展的理念，贯彻主体功能区等国家重大战略，落实全国国土空间规划纲要任务要求，以第三次国土调查数据为基础，结合省域实际，按照严控增量、更新存量的原则，合理分解下达指标。”“将主体功能区定位作为重要依据，针对不同主体功能区类型，实施国土空间资源的差别化配置。”

就指标配置方式而言，包括建设用地指标分配、指标转移和指标交易三种类型。《省级指南》明确：省级国土空间规划通过控制指标分解下达等方式对市县级规划提出指导约束要求，下级规划不得突破。对于指标转移和指标交易的规则并无提及。城乡建设用地增减挂钩指标则在建设用地刚性约束指标之外，是一种地方政府可通过有偿获得土地发展权的方式，通过减少村镇建设用地增加城镇建设用地，属于发展权转移范畴。指标跨区域交易最先起源于地方实践，如增减挂政策下的浙江模式、成渝模式等，以及经国务院批准的省内占补平衡，具有如下特点：一是行政定向计划配置资源的方式仍然起决定性作用，市场机制并未有效介入；二是节余指标跨区域流转仍然具备转移支付特征，即需要地方缴纳后，经过自然资源部核查，由财政部分批拨付给供地方[9]。

4.2 以效益为导向进行的资源配置

强化资源分配中的效益导向已经成为共识，吴志强等提出以各个指标年度之间的变量作为核心依据，对我国城市空间使用的生态效益、经济效益、社会效益进行评价，并构建城市空间效益综合指数（SEI）。基于 SEI 的年度变化及其幅度，为国土空间规划的二次审批提供科学支撑，为每年城市建设土地空间的指标分配提供量化依据，以促使空间效益导向替代简单扩张，推进城市空间使用及其治理的可持续发展[10]。动态分配解决了效率与公平的问题，但就目前的“三线”划定工作来看，设定一个远期的发展规模还是有必要的，并且依然是省—

9. 田莉，夏菁．土地发展权与国土空间规划：治理逻辑、政策工具与实践应用 [J]. 城市规划学刊，2021(6):12-19.
10. 吴志强，刘晓畅，赵刚，等．空间效益导向替代简单扩张：城市治理关键评价指标 [J]. 城市规划学刊，2021(5):15-22.

市博弈的重点。在强化过程控制的同时淡化远期规模，甚至省级政府在远期规模上稍微做出些“让步”是有效推进省级规划和开发边界划定工作的选择方案。

4.3 兼顾刚性与弹性的规模管控

在规模管控中应坚持计划与市场相结合，刚性与弹性相结合。指标分配主要是一级土地发展权，在使用（年度指标）上体现效率，在机会(预期规模)上体现公平的原则。科学设定预期规模，应对于转移指标有所考虑，且应对于预期规模内外的转移指标进行预测。基于分配指标和部分转移指标的预期规模是上下级规划统筹、协调的结果，某种程度上是一种“标称规模”。但地方政府需要考虑实施中的不确定性，为未来发展的机遇留出空间，这个需要可以通过弹性空间进行应对。弹性空间的土地发展权主要通过上级的机动指标、交易指标和部分转移指标实现。增加了弹性空间的规模是地方政府的预期规模，同时也受到上级政府的管制，某种程度上是一种“额定规模”[11]。通过“一个地域、两个规模”的机制，解决了上下级政府在土地发展权上效率与公平、计划与市场、刚性与弹性的关系，可有效解决空间规划编制过程中的“堵点”（图 3-1）。

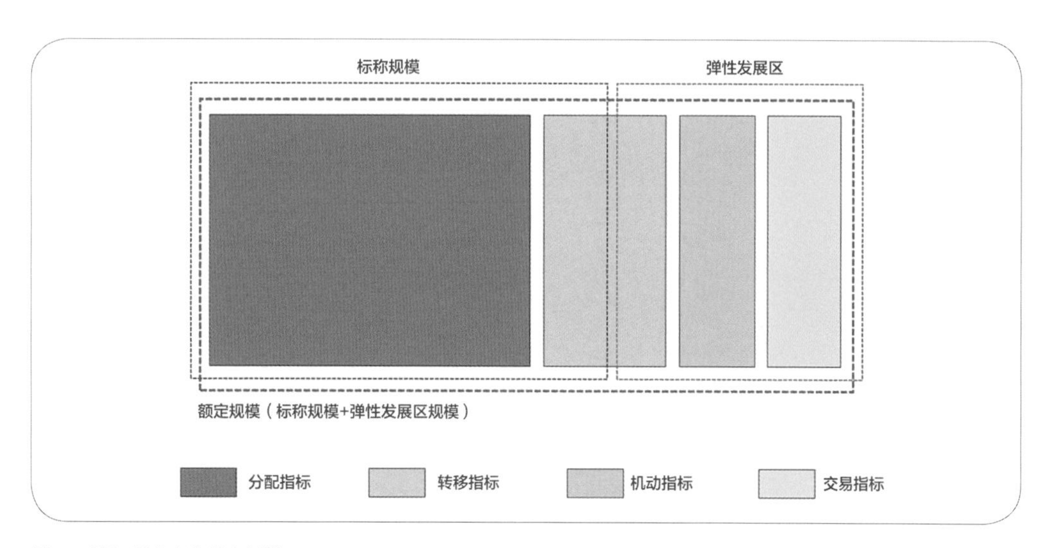

图 3-1 建设用地指标与城市规模

11. 标称、额定规模是借用了电子设备的电压、功率标识方法：标称电压是用以标志或识别系统电压的给定值 (GB/T 2900.1—2008)。额定电压是由制造厂对一电气设备在规定的工作条件下所规定的电压（GB/T 2900.1—2008)。这两个电压都是有效值，标称电压针对系统而言，额定电压针对具体设备而言，设备的额定电压要比系统标称电压高。按照这个逻辑，标称规模就是城市在相应的城镇体系中的预设规模，而额定规模就是城市自身发展的预设规模。这个最大规模不能超过资源环境容量，且能够保证城市正常运转。

5 结语

省级国土空间规划是对全国国土空间规划纲要的落实，是一定时期内省域国土空间保护、开发、利用、修复的政策和总纲，指导约束省级相关专项规划和市县国土空间总体规划编制，在国土空间规划体系中发挥承上启下、统筹协调作用，具有战略性、综合性、协调性和约束性。关于省级规划的作用在相关技术规范中有清晰的表述，但如何落实需要在编制技术方面给出具体对策。

规模问题是省级规划的关键问题，本章 4.2 节和 4.3 节中的观点发表于 2022 年，当时还是要求进行“规模分配”，试图解决省市对于规模的不同需求问题。2023 年 6 月自然资源部《关于在经济发展用地要素保障工作中严守底线的通知》要求各地要充分发挥城镇开发边界对各类城镇集中建设活动的空间引导和统筹调控作用。在城镇开发边界内的增量空间使用上，为“十五五”“十六五”期间至少留下 35%、25% 的增量空间。在年度增量空间使用规模上，至少为每年保留五年平均规模的 80%，改变了过去直接“分配”规模的做法，这与本书提出的强化过程控制、淡化远期规模的思路是一致的。从某种程度上讲，开发边界的规模就是一种“额定规模”。

第4章

市级国土空间总体规划的地位与作用：分层传导、尺度转换、市域协调[1]

建立分级的空间规划体系是空间规划改革的共识，但市级城市与县级城市有着明显的区别，在空间规划体系上不应等同对待。不同层级间的协调问题是空间规划改革的焦点，本章回顾了城市规划向区域规划的扩展的过程及制度安排，分析了现有体系下市级规划存在规划权力与行政权力的错位，指出市级规划突破是空间规划体系建构的关键，应以县级单位作为空间规划体系建构的基本单元，市级国土空间总体规划应加强尺度转换和结构控制，强调其战略引领与跨地域的区域协调，并作为县级国土空间总体规划的指引与维护参照。

2019年5月发布的《若干意见》是空间规划改革的“顶层设计”。文件明确了“国家、省、市县编制国土空间总体规划”，“市县和乡镇国土空间规划是本级政府对上级国土空间规划要求的细化落实，是对本行政区域开发保护作出的具体安排，侧重实施性”。自然资源部相关落实文件中，将其归纳为“五级三类”（图4-1）。

我国实际上形成了“国—省—市—县—乡”的五级行政架构模式，一般情况下“市县”中的“市”指的是“市级”，和“设区市[2]”、地级市、副省级城

1. 本文部分内容引自：王新哲．地级市国土空间总体规划的地位与作用[J]. 城市规划学刊,2019(4):31-36. 有扩充、修改。
2. 设区的市，即设立市辖区的市。《中华人民共和国宪法》将直辖市以外的市分为“设区的市”和“不设区的市”，其中设区的市与地级市概念类似，但有所不同。设区的市即设立市辖区的市，根据地级市的行政地位，为市辖区的上级，应设立市辖区，故全国绝大部分的地级市都设有市辖区，但是也有几个地级市是没有设立市辖区的，如广东省东莞市、中山市，海南省儋州市和甘肃省嘉峪关市，就是没有设立市辖区的地级市，不是“设区的市”。

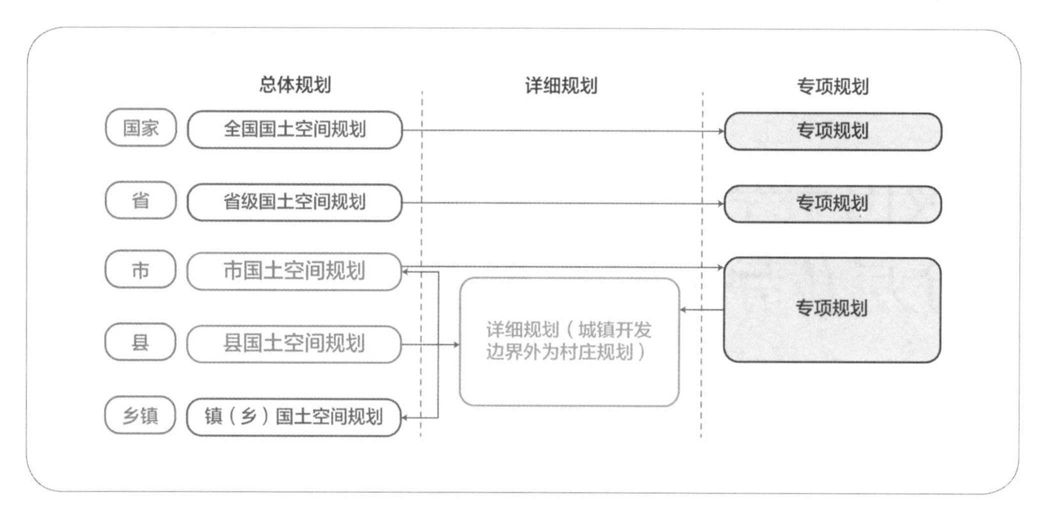

图 4-1 “五级三类”规划体系

市有一定的关联，但又不完全对应。这几类城市的区别主要体现在国民经济与社会发展计划方面。本书考虑到“市级规划”在“五级三类”中具有特定的含义，沿用“市级”的提法。另外地区、自治州和盟等地级行政单位的规划本应与设区市的规划有所不同（主要是“中心城区”的内容），但在具体实践中也有“参照执行”的趋向，所以在“市级”的层级中一并讨论。从空间规划体系建立前的规划探索来看，弱化甚至取消市级国土空间总体规划的观点也时有出现，但市与县和县级市有着较大的区别，认真分析市级国土空间总体规划的地位与作用，对于厘清规划体系、理解并落实《若干意见》具有重要意义。

1 我国的行政体制

1.1 地域型与城市型

我国行政体系的发展演变是随着经济社会的发展从农业社会的“地域型”政府行政体系向现代社会的“城市型”政府行政体系转变的过程。“地域型”政府以省、县、乡为代表，以全域范围内的“城乡合治”为基本特征；“城市型”政府以市、镇为代表，以“城乡分治”为基本特征[3]。

---

3. 赵彪 . 改革以来我国市辖区体制变迁与空间扩展及政区优化研究 [D]. 上海 : 华东师范大学 ,2019.

在 1949 年以前，我国是传统的农业社会，以“地域型”行政体系为主。1949 年后，我国的行政体系经历了从“地域型”政区体系向“地域型”政区与“城市型”政区并存、再到多种政区类型交错并存的多元化体系演变的历程[4]。从城乡关系的角度来看，这一历程体现为我国的行政体制随着发展阶段从农业社会向工业社会发展，从“城乡合治”的政区模式向“城乡分治”的模式转变[5]。

1.2 市级政权与“市管县”

1978 年通过的《中华人民共和国宪法》规定，可以按地区设立行政公署，作为自己的派出机构。1982 年通过的《中华人民共和国宪法》对省级人民政府的派出机关未作规定，但该年修正通过的《中华人民共和国地方各级人民代表大会和地方各级人民政府组织法》规定，省、自治区的人民政府在必要的时候，经国务院批准，可以设立若干行政公署，作为它的派出机关。其任务是代表省、自治区的人民政府督促、检查、指导所属县、市、自治县人民政府的工作，并办理上级人民政府主管部门交办的事项，该制度延续至今。

1949 年年底，我国无锡市、徐州市、兰州市实行市管县体制。此后，北京、天津、旅大（今大连）、本溪、杭州、重庆、贵阳、昆明等市曾实行过市领导县体制。当时实行市领导县体制的出发点主要是为了保证大城市的蔬菜、副食品供应。1959 年 9 月 17 日，第二届全国人大常务委员会通过了《关于直辖市和较大的市可以领导县、自治县的决定》，第一次以法律的形式肯定了市领导县体制，并指出实行市管县体制是“为了适应我国社会主义建设事业的迅速发展，特别是去年以来工农业生产的大跃进和农村的人民公社化，密切城市和农村的经济关系，促进工农业的相互支援，便利劳动力的调配”。[6]

1982 年中共中央《改革地区体制，实行市领导县体制的通知》批准了江苏全省实行市管县体制，全国各省、自治区都扩大了试点，通过“地市合并”（将地区行政公署与其驻地的市合并）或“撤地设市”（撤销地区行政公署，将辖区内某县级市升级为地级市）等方式设立“地级市”，从而出现了市管县的新

4. 刘君德，靳润成，周克瑜．中国政区地理 [M]. 北京：科学出版社，1997.
5. 刘君德．论中国建制市的多模式发展与渐进式转换战略 [J]. 江汉论坛，2014(3):5-12.
6. 浦兴祖．当代中国政治制度 [M]. 上海：复旦大学出版社，1999.

高潮，地级管理层由派出机构逐步演变为一级行政区划。1999 年，中央关于地方机构改革的文件进一步明确“市管县、市”体制改革，并要求加大改革力度。在地方层面基本形成了“省—地（市）—县 / 市（县级）—乡 / 镇”的四级体系。

2005 年开始，为了破除行政区经济壁垒、推动县域发展，我国在部分地区逐步开始推行“省管县”体制改革。除湖北部分城市外，大部分仍保留行政隶属关系，“省管县”只是事权上的调整。

2 建立分级分层的空间规划体系

2.1 不同层级间的协调问题是空间规划改革的焦点

从既有的研究来看，解决“多规合一”问题成为空间规划体系建构的主要目的。近年来广州、厦门等城市已经形成了较为成熟的多规合一的技术手段。随着机构的整合，原来多规不合一的基础自然消失。其实规划冲突本质是土地发展权的管理权力之争[7]。当前中央政府、省政府和城市政府的博弈仍然存在，城市空间资源是企业化的地方政府通过行政权力可以直接干预、有效组织的重要竞争资源，空间资源使用的规划自然就成为各级政府博弈的焦点[8]。空间规划是实现空间治理的重要平台和工具，高层级政府通过府际关系调整，来实现新的责、权、利关系平衡[9]。

十三届全国人民代表大会第一次会议审议的国务院机构改革方案提出，组建自然资源部的目的是统一行使全民所有自然资源资产所有者职责，统一行使所有国土空间用途管制和生态保护修复职责，着力解决自然资源所有者不到位、空间规划重叠等问题。“责、权、利”是未来管理的核心。

7. 林坚，许超诣 . 土地发展权、空间管制与规划协同 [J]. 城市规划 ,2014(1):26-34.
8. 袁奇峰，谭诗敏，李刚，等 . 空间规划：为何？何为？何去 ?[J]. 规划师 , 2018(7):11-17,25.
9. 张京祥，林怀策，陈浩 . 中国空间规划体系 40 年的变迁与改革 [J]. 经济地理 ,2018(7):1-6.

2.2 建立分级、分层的空间规划体系

在空间规划改革之前，大量的规划编制改革实践除理念、方法的转变之外，在规划编制体系方面主要聚焦于“分级、分类、分层”。在总规编制中应参照事权归属实现分层管控，参照空间基准实现分度约束；并按照分层管控和分度约束对规划的审批、修改和监督规则，制定相应的行政程序[10]。

“上海2035”提出总体规划管控体系需要分层次、分要素、分方式展开。管控层次上，划清中央事权、地方事权，做到管控权限明晰，分工明确；管控要素上进行分要素指引、分区块指引，既强调管控的系统性，又关注管控的重点性；管控方式上从政策引导、布局引导、指标控制、边界控制、规模控制等方面，形成完善的总体规划管控路径[11]。按照事权明晰、分级管控、刚弹结合的思路，成都市新一轮总体规划开展了强制性内容分级管控的探索，建立了对应国、省、市管理事权的三级管控体系，明晰了强制性内容分级分类的依据，探索了总体规划强制性内容的成果表达形式和分级管控内容修改的规则等[12]。

在具体规划实践中，空间类管控的刚性传递成为控制难点，因为数字类管控要素是从“总体清晰”到“局部清晰”的过程，可以进行数字上的逐级分解；而“空间类”管控是从“总体模糊”到“局部清晰”的过程，因此无法通过简单的空间分解来实现[13]。

3 城乡规划向空间规划转型的探索

3.1 城镇体系规划使规划从“城”到“市”

2000年以前，城市规划是空间规划的主体，随后进入多规冲突的时代。中国区域规划经历了三个阶段：为了安排工业项目，在“一五”期间自苏联引进区域规划；为搞好国土整治，自西欧和日本引进国土规划；国内创设城镇体系

10. 董珂，张菁．加强层级传导，实现编管呼应——城市总规空间类强制性内容的改革创新研究[J].城市规划,2018(1):26-34.
11. 葛春晖，袁鹏洲．特大城市总体规划管控体系转型初探[J].城市规划学刊,2017(S2):155-161.
12. 胡滨，曾九利，唐鹏，等．成都市城市总体规划强制性内容分级管控探索[J].城市规划,2018(5):94-99,105.
13. 同10。

规划。1989 年全国人大常委会通过的《中华人民共和国城市规划法》正式将城镇体系规划纳入编制城市规划不可缺少的重要环节。这种主要为城市规划服务的城镇体系规划，其规划内容往往缺乏深度和精度[14]。2006 年《城市规划编制办法》、2008 年《中华人民共和国城乡规划法》进一步强化了城镇体系规划的作用，但城镇体系规划基本无法发挥本应由区域规划发挥的作用。

城镇体系规划使城市规划工作由城市的“实体区域”走向了行政区的“市”。这对于中国城市规划体系是一个巨大的变革。因为在国外，现代城市规划所面临的城市基本是城市化区域，少有乡村，更不会有低一级别的“市”建制。中国的“市”作为一级行政机构，其所辖区域与城市的实体地域差别较大。周一星教授早在 1995 年就提出建立中国城市的实体地域概念[15]，2006 年他又提到：中国城市的基本概念极为混乱，已经难以为继。……中国现在的“市”不等于“城市”，现在的“镇”不等于“城镇”，中国“市”和“镇”的概念全是以城镇为核心，以乡村空间为主体的城乡混合地域。……现在的城市总体规划是不是既包括原来教科书上讲的“城市”“总体规划”，即相当于现在中心城市“实体地域”的规划，又包括都市区规划，即城市“功能地域”的规划，还包括市域规划或市域城镇体系规划，即城市“行政地域”的规划或实质上的“区域规划”[16]？

在 2006 年《城市规划编制办法》之前，对于“城市”的理解是周一星教授所提的“实体区域”。如 1991 年版的《城市规划编制办法》中对于城市总体规划内容的要求第一条为“设市城市应编制市域城镇体系规划，县（自治县、旗）人民政府所在地的镇应当编制县域城镇体系规划”；第二条即为“确定城市性质和发展方向，划定城市规划区范围”。这说明当时的城市总体规划的空间范围就是城市的“实体区域”，而市域城镇体系规划空间范围是单独界定的。2006 年《城市规划编制办法》则是“城市总体规划包括市域城镇体系规划和中心城区规划”，市域和中心城区统一被纳入“城市”的空间范畴，这里的“城市”明显是指城市“行政地域”，而原来的“城市”范围被“中心城区”替代了。

---

14. 胡序威 . 中国区域规划的演变与展望 [J]. 城市规划 ,2006(增刊):8-12.
15. 周一星 , 史育龙 . 建立中国城市的实体地域概念 [J]. 地理学报 ,1995(7):290-301.
16. 周一星 . 城市研究的第一科学问题是基本概念的正确性 [J]. 城市规划学刊 ,2006(1):1-5.

3.2 "中心城区"的划定形成了分类与分级管控

"中心城区"是约定俗成的概念与地域范围。现行法律法规并未对"中心城区"概念作出明确界定。2013年5月征求意见的《城乡规划基本术语标准》在城乡规划制定的"空间管制"类中增加了"中心城区"条目，将其定义为"城市总体规划确定的城市发展的核心区域"，并说明"中心城区"的范围包括建设用地和相关控制区域，如城市的新城、新区及各类开发区，组团式城市的主城和副城等，但不包括外围独立发展、零星散布的县城及镇的"建成区"[17]。

中心城区是城市的"实体空间"，在城市化水平较低的时代或区域，形态较为简单，与行政边界的关系不大。但目前由于城区的扩大，出现了结构的多样性，与行政边界也多有交错，可能造成界定的混乱。原住建部《城市总体规划编制办法改革与创新》子课题"城市规划区、中心城区划定的具体办法研究"对中心城区划定原则进行了研究，但该研究原则基本上以技术标准为主[18]，未考虑行政管理因素。

2013年9月2日，住建部《关于规范国务院审批城市总体规划上报成果的规定》（暂行）中明确上报成果强制性内容为"中心城区建设用地规模"，同时相关法规对于规划区内、中心城区建设用地以外的地区是否能够编制总体规划并没有明确规定[19]。对于中心城区以外地区，市级政府具有较大的灵活性和解释权，中心城区的边界成为上下级政府划分事权和博弈的重要手段，可能会造成用地的失控。例如在"十五"和"十一五"期间，上海中心城周边地区是全市住宅建筑面积增幅和户籍人口增幅最高的地区。2010年中心城周边地区人口密度仅为0.62万人/平方千米，远低于中心城1.71万人/平方千米的人口密度[20]。这虽然符合上海发展的规律，但也显示了不同层级政府管控力度的不同，以及上下级规划事权的博弈。

2016年，住建部《城市规划编制办法》修订方案中，"中心城区"的概念被"集中建设区"取代，内涵基本相同，但更加强调事实存在的集中连绵的区域，可以减少中心城区被人为切割的可能，似乎可以解决分级管控的漏洞，但对于事

---

17. 中国城市规划学会. 关于对工程建设国家标准《城乡规划基本术语标准》征求意见的函 [EB/OL].[2020-08-08]. http://www.china-up.com/afficheFinal.php?id=86.
18. 官卫华, 刘正平, 周一鸣. 城市总体规划中城市规划区和中心城区的划定 [J]. 城市规划, 2013(9):81-87.
19. 王新哲. 对规划区划定原则的研究 [J]. 城市规划学刊 ,2013(6):67-75.
20. 张玉鑫. 上海城市空间发展评估与思考 [J]. 上海城市规划 ,2013(3):11-17.

实存在的多级“集中建设区”未进行界定，仍然存在“中心城集中建设区”和“非中心城集中建设区”。

3.3 市县域总体规划真正将总体规划全覆盖

以《城市规划法》演变成《城乡规划法》为标志，“城乡规划”时代确立，各种以城乡统筹为首要目标的规划实践在全国许多地区陆续出现。主要有重庆的城乡总体规划，山东等省份的城乡统筹规划，比较典型的，对于现在规划有较大影响的是浙江、江苏的市县域总体规划。

2006年4月，浙江省建设厅印发了《浙江省县市域总体规划编制导则（试行）》，明确提出县市域总体规划应达到的目标，在浙江全省范围内逐步展开县市域总体规划编制工作。2010年《浙江省城乡规划条例》明确了县（市）域总体规划的法定地位，以资源环境承载力与适宜性、经济社会发展需求为规划基石，立足市域空间全覆盖，在“两规”衔接、城乡空间管制、规划与管理体系协调、GIS技术运用等方面做出探索，对我国开展全域层面的规划提供了重要的实践经验与理论探索[21]。江苏省也通过规定将县和县级市的规划区覆盖到全域，在县级层面真正做到了总体规划全覆盖。

县域规划的创新得到了各界的认可，有逐步走向地级市的趋势。地级市总体规划的“全覆盖”造成了与其下位的县市规划的“叠合”，地级市对于县市除了定位、指标的控制之外，对于空间形态也有了不同程度的控制，“规划传导”成了问题。

4 城乡规划体系下地级市总体规划的尴尬处境

4.1 “地级市”与“省管县”

改革开放后，中国地方政府尤其是地级市和县级层面的行政建制关系发生了多次重大变化，1982年，中共中央第51号文发出了“改革地区体制、实行市

---

21. 陈勇，黄幼朴，陈伟明，等．县市域总体规划探索与实践：以浙江省诸暨市域总体规划为例[J].城市规划,2009(12):93-96.

领导县体制”的通知；1983 年，“地级市”在国家行政机构区划统计上作为行政区划术语固定下来；2005 年开始推广“省直管县”的改革。这种不长时期内的大规模反复变化甚至成为一次次全国性的“浪潮”。长期以来，许多县级地方政府、学者都对“市管县”体制予以了批评[22]。同时，在实行省管县改革的省份，市级政府往往通过“县改区”的方式来强化地级市的地位，同时由于“省管县”造成的权力分化对于中心城市的发展不利，改革甚至废除“省管县”的呼声也很高。市级与县级行政单位的协调是空间规划体系设计不可回避的任务。

4.2 规划权力与行政权力的错位

在经济欠发达地区，中心城市往往强调自身的壮大而未与周边县市协调发展；在经济发达地区，中心城市也无力协调、组织周边县市的发展[23]。《浙江省县市域总体规划编制导则（试行）》明确规定：“本导则适用于县级市及行政管辖范围，设区市及市辖区可参照本导则进行编制”。《浙江省城乡规划条例》第十一条、十二条规定：“设区的市人民政府组织编制设区的市城市总体规划……县（市）人民政府组织编制县（市）域总体规划”。该县（市）域总体规划的适用范围应该是县及县级城市。地级市域总体规划定位于非法定性质的规划，仅起到统筹作用。市一级政府对县(市)政府调控的手段不足，因此在新一轮的总体规划试点中，市域规划要求发挥管控的作用，市域层面的规划面临着要么由县级规划拼合，要么被突破的局面。嘉兴在 2005 年、2008 年进行了两轮的市域总体规划编制，并从2014年开始，为了落实中央城镇化工作会议精神，国家发改委、国土资源部、环境保护部、住建部等部委联合开展市县“多规合一”试点工作，嘉兴作为四部委同时试点的城市，是两个市带县试点城市之一，其间多个县和县级市开展了总体规划修编的工作，在理念、结构，特别是跨区域的基础设施、地区开发方面，均依据了相应的市域总体规划，但在具体的边界、规模方面均有所突破或修改。

---

22. 张京祥 . 省直管县改革与大都市区治理体系的建立 [J]. 经济地理 ,2009 (8):1244-1249.
23. 同 22。

4.3 市级全域规划未有突破

在近几年的总体改革中，“多规合一”、全域管控等创新虽然由广州、厦门等城市发起，但真正落实却在县级单位，2014 年开展的“多规合一”28 个试点县市中，仅有 6 个地级市（表 4-1）。厦门地域面积较小，没有下辖县，城市开发边界具备由市级政府划定的条件，因此其总体规划因多规合一、全域管控成为住建部的“样板”。2017 年住建部城市总体规划编制改革确定的 15 个

表 4-1 2014 年开展“多规合一”试点 28 个全国试点市县

区及县级市	地级市
辽宁省大连市旅顺口区 黑龙江省哈尔滨市阿城区 黑龙江省同江市 江苏省句容市 江苏省泰州市姜堰区 浙江省开化县 浙江省德清县 安徽省寿县 江西省于都县 山东省桓台县 河南省获嘉县 湖南省临湘市 广东省广州市增城区 广东省四会市 广东省佛山市南海区 重庆市江津区 四川省宜宾市南溪区 四川省绵竹市 云南省大理市 陕西省富平县 甘肃省敦煌市 甘肃省玉门市	江苏省淮安市 浙江省嘉兴市 福建省厦门市 湖北省鄂州市 广西壮族自治区贺州市 陕西省榆林市

资料来源：2014 年 12 月国家发改委、国土资源部、环境保护部、住建部《关于开展市县“多规合一”试点工作的通知》

表 4-2 2017 年住建部城市总体规划编制改革 15 个全国试点城市

省会城市	其他城市
沈阳、长春、南京、广州、福州、长沙、成都、乌鲁木齐	苏州、南通、嘉兴、台州、深圳、厦门、柳州

资料来源：2017 年 9 月，住建部《关于城市总体规划编制试点的指导意见》

全国试点城市虽然全部为地级市，但在全域规划、分级管控方面未能实现突破（表 4-2）。

除市辖区全覆盖的城市外，市级全域规划对中心城以外的部分的控制无法套用县级规划“全覆盖”的做法。实践中基本有三种情况：第一种是虽然从城镇体系规划转变为市域城乡规划，其作用仍然停留在城镇体系规划的阶段，即仅对下辖县市在等级、职能、重大基础设施网络方面有一定的引导作用；第二种是划定了各种控制线，但限制了下辖县市的发展，从而最终被突破；第三种索性就同步编制、整体纳入，失去了这两层级规划分层控制的作用。如何处理层叠化的控制区域是未来国土空间总体规划亟待突破的问题。

中规院厦门项目组明确提出大部分市级城市市域面积较大、设有下辖县（市），划定的开发边界非永久、非稳定，因此并不完全具备全域一次划定的条件。市级总规中对下辖县（市）的开发边界划定应更多体现引导性和预留弹性，上下联动进行最终划定[24]。2017 年住建部城市总体规划编制改革 15 个全国试点城市全部为市级，从已经形成的成果来看，苏州提出建立符合地级市特点的分级传导和全域管控机制，长沙提出差异化管控策略，基本都集中在分级、差异化管控。

5 市级国土空间总体规划的定位与强化方向

5.1 因地制宜明确市县规划的分层与定位

研究中国城市历史可以发现，县级单位是最为稳定的单位，而且尺度相对适中，可以起到国土空间总体规划控制作用。同时，现有规划体系中除市辖区的规划管理权外，相关权限基本都在县级政府那里，将县级国土空间总体规划作为空间规划的“基本层”是合适的，也是具有共识性的。全域城乡规划、多规合一的实践基本在县级层面展开。《若干意见》中明确各地可因地制宜，将市县与乡镇国土空间规划合并编制。这里没有“一刀切”的规定，显然是考虑

24. 中规院厦门总规组 . 厦门总规系列研究 Ⅳ｜总体规划划定“三区三线”，实施全域空间管控的模式探讨 [OL] 规划中国 .2018 年 2 月 25 日 . https://mp.weixin.qq.com/s/zSJS4620ju5dJm67FgPFNg.

到各地的差异，对于城市化水平较高、地域尺度不大的省，市县可以合并编制。但对于中国大部分省份来说，市级国土空间总体规划起到一个“次区域”规划的作用，强调市级国土空间总体规划的作用还是有着必要性和现实性的。

根据各自不同的情况，可将市县国土空间总体规划编制模式分为四类（表4-3）。目前城市化水平和城镇密度较高的区域比较多地采用了模式一、二，其中模式一一般是市辖区全覆盖的地区。而模式三、四才是采用最多的模式，其真正体现了分层、分级控制的思想，依靠空间规划体系的传导平衡各级政府的诉求，也有利于维护规划的基础性与权威性。

表4-3 市县国土空间总体规划编制模式

编号	分类	程序
模式一	市级主导，一步到位	由市级政府主导，各区县设计深度与市辖区一致
模式二	市县同编，一步到位	市县同步编制，相互协调对照，形成市县各自的成果，市级规划为各县级规划的拼合
模式三	市县同编，分层表达	市县同步编制，相互协调对照，形成市县各自的成果，将市辖区外各县级规划的结构性要素纳入市级规划
模式四	先市后县，分级编制	市级规划主导，市辖区外各县市级规划作结构性控制，市辖区外各县级规划依据市级规划编制

5.2 加强尺度转换和结构控制

作为侧重实施层面的“最高层级”规划，分解落实省级规划要求成为市级国土空间总体规划的重要任务。一方面，由于省域尺度较大，无法准确定位；另一方面，提升国土空间治理能力，需要处理和驾驭发展中的复杂性和不确定性。市县国土空间总体规划是省级空间规划的重要基础，二者之间并不是单向的自上而下分解执行或者自下而上拼合的关系，而是各有分工、各有侧重的统一整体。

以三线管控的传导为例，在省级层面可确定基本农田集中保护区、生态保护红线及重大基础设施廊道等底线，市级国土空间总体规划应严格落实并进一步细化，但面积比例相对较小、不确定性较大的城镇开发边界在省级层面就较难落实，需要在市级国土空间总体规划层面进行研究、落实。

土地利用总体规划已经形成了成熟的分级编制、建库的管理制度，通过省级定任务—市级分解，控制中心城—县级划定扩展边界—乡镇定线的方法逐级落实到位。“上海 2035”建立了覆盖全域的空间规划体系，大量的内容在总体规划层面仅作结构性表达，通过“市、区县和镇乡”不同层次规划予以法定化（图 4-2），在市级层面为结构线，在区级层面为政策区控制线，地块图斑的精准落地只在镇级规划中落实[25]。

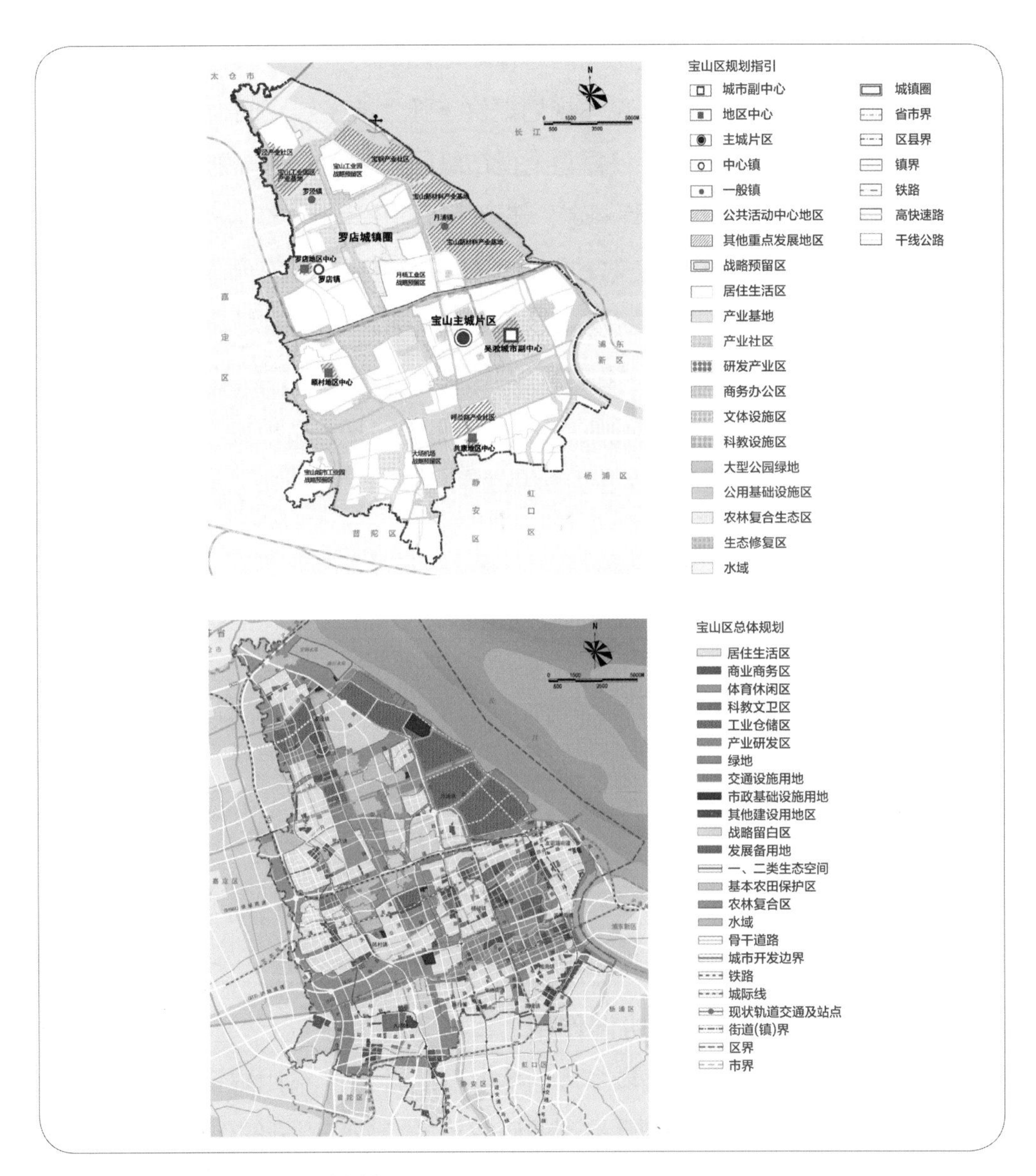

图 4-2 “上海 2035”区县指引—区总体规划
资料来源：《上海市城市总体规划（2017—2035 年）》《上海市宝山区总体规划暨土地利用总体规划（2017—2035）》

25. 王新哲 . 新时期城市总体规划编制变革的实践特征与思考 [J]. 城市规划学刊 ,2018(3):65-70.

5.3 作为县级国土空间总体规划的维护参照

前文提到部分地市同步编制县级规划并将其纳入市级国土空间总体规划，失去了两层级规划分层控制的作用，当县级国土空间总体规划进行维护与调整时，是否也要同时调整市级国土空间总体规划呢？显然不尽合理。应该在市级国土空间总体规划里突出结构性要素，重点进行格局的管控、用地的政策分区、指标的分解，作为下位县级国土空间总体规划编制的“任务书”。相对结构性的规划控制也为县级国土空间总体规划提供了弹性的发展空间，当县级国土空间总体规划进行调整维护时，只需与上位市级国土空间总体规划进行比对，如没有原则性调整，不突破强制性规定，建议可以简化审批手续，备案即可。

分区指引是“上海 2035”“1+3”成果体系的重要组成部分，从分区维度构建总体规划的管控体系，以“任务书”形式指导各区规划编制。分区指引管控体系突出目标导向与问题导向相结合、刚性管控与弹性引导相结合、顶层指引与实施操作相结合的三大基本原则。分区指引框架包括三个板块、十二个方面。分区指引既是下位规划的编制依据，也是重要的审查依据（表 4-4）。

表 4-4 “上海 2035”分区指引内容框架

一、战略引导	二、刚性管控	三、系统指引
1. 战略任务 2. 空间格局 3. 特定政策地区	1. 人口规模 / 人口调控 2. 生态底线 / 绿地布局 3. 用地底线 / 用地管控 4. 历史文化	1. 生态环境 / 公共空间网络 2. 社区生活圈 3. 综合交通 4. 城乡风貌特色 / 城市风貌特色 5. 基础设施

资料来源：《上海市城市总体规划（2017—2035 年）》

5.4 增强战略引领与市域协调作用

中央城市工作会议曾明确城乡规划承担着战略引领、刚性控制的作用，但从近年来的规划改革来看，刚性控制的研究较多，战略引领的作用在弱化。只有进行全面的、科学的战略研究，才能真正发挥总体规划的引领作用[26]。《若

26. 王新哲 . 新时期城市总体规划编制变革的实践特征与思考 [J]. 城市规划学刊 ,2018(3):65-70.

干意见》提出市县和乡镇国土空间总体规划侧重实施性，但在强调市级国土空间总体规划的实施性的同时，不可忽视其战略性与协调性，使其在区域层面发挥统筹引领作用。

从规划实践来看，市级国土空间总体规划主要关注市域范围内各行政主体不能解决、需要在市级层面协调解决的问题，在战略目标的指导下确定空间协同发展的基本结构，统筹协调区域内各市县的国土空间总体规划；通过面向政府与市场的规划实施，将空间发展战略转化为全社会的共识，确定政府管控的边界和核心指标[27]。

例如某市位于滇川黔渝交界地区，是云南省的北大门，是国家 14 个连片贫困区之一，是全国脱贫攻坚的主战场。近期随着国家、省市交通规划的重视，交通条件大为改善，市域城镇布局受此影响发生重大改变。规划依托城镇和交通布局，构建了全域协作的产业布局；同时市域超过 90% 区域为山区，地质灾害较多，结合易地扶贫进行了城镇与人口布局的优化，在中心城和 6 个县规划 28 个集中安置区。这些内容是省级规划深度无法达到、县级规划无法统筹的，只能在市级层面做到。

5.5 做实市辖区规划

2015 年 9 月中共中央、国务院颁发的《生态文明体制改革总体方案》提到设区的市空间规划范围为市辖区，意味着设区市的空间规划只需要覆盖市辖区，处于和县同级的位置，消除了市和县级市、县在空间规划上的重叠现象，但这与各地广泛开展的市级国土空间总体规划有着较大的不同。本书建议加强市域规划的作用。市辖区规划由于是市级政府事权，应该在市级国土空间总体规划中深化、细化市辖区的规划，使其达到县级国土空间总体规划的深度与精度，与其他县级国土空间总体规划一并纳入空间规划信息平台，作为详细规划编制的依据。

---

27. 卓健，郝丹，尉闻，等．市县两级空间协同发展的规划探索——以洛阳为例 [J]. 城市规划学刊，2018(3):96-104.

专栏

市级国土空间规划审查要点

自然资发〔2019〕87号《自然资源部关于全面开展国土空间规划工作的通知》对于市级规划的审查要点进行了明确：

按照“管什么就批什么”的原则，对省级和市县国土空间规划，侧重控制性审查，重点审查目标定位、底线约束、控制性指标、相邻关系等，并对规划程序和报批成果形式做合规性审查。

国务院审批的市级国土空间总体规划审查要点，除对省级国土空间规划审查要点的深化细化外，还包括：①市域国土空间规划分区和用途管制规则；②重大交通枢纽、重要线性工程网络、城市安全与综合防灾体系、地下空间、邻避设施等设施布局，城镇政策性住房和教育、卫生、养老、文化体育等城乡公共服务设施布局原则和标准；③城镇开发边界内，城市结构性绿地、水体等开敞空间的控制范围和均衡分布要求，各类历史文化遗存的保护范围和要求，通风廊道的格局和控制要求；④城镇开发强度分区及容积率、密度等控制指标，高度、风貌等空间形态控制要求；⑤中心城区城市功能布局和用地结构等。

6 结语

相对于国际语境，中国的“市”有特殊的含义，更多代表一种行政层级、行政地域。做好市级规划必须结合市级城市的事权范围、空间特点。在分级分类管控体系下，相对于做“实”，如何应对中间层级的特点做“虚”，是市级规划编制技术的重点与难点。

第 5 章

治理视角下县级国土空间总体规划：央地交界、总详转换、城乡共治[1]

本章从空间治理的视角对空间规划体系中的国家规划与地方规划的关系特征进行了总结。在国土空间规划体系中，总体规划的层级传导是国家空间治理权的逐级落实，总体规划到详细规划传导是国家空间治理权向地方空间治理权的过渡。基于行政体系与规划事权的分析，提出县级国土空间总体规划是总体规划的基础层，以县级国土空间总体规划为核心建立“一张图”系统，构建实施监督平台，作为向详细规划传导的界面。县、县级市和区总体规划的编制模式和内容应有所差异。县国土空间总体规划应侧重对全域的管控与安排。

在“五级三类”的国土空间规划体系中，总体规划作为综合性规划，分级编制且内容各有侧重已形成共识，国家级侧重战略性、省级侧重协调性、市县级侧重实施性[2]。但对“侧重实施性”的市县规划，目前的研究主要集中于对具体技术环节以及技术方法的讨论，且大多并未将县级与市级规划做严格区分[3,4,5,6]。市县总体规划涉及市（地）级、县（市）级两级政府，规划作用、内容和深度

1. 本文部分内容引自：王新哲，钱慧，刘振宇．治理视角下县级国土空间总体规划定位研究 [J]. 城市规划学刊 ,2020(3):65-72. 有扩充、修改。
2. 潘海霞，赵民．国土空间规划体系构建历程、基本内涵及主要特点 [J]. 城乡规划 ,2019(5):4-10.
3. 伍江，曹春，王信，等．面向实施的区县级国土空间总体规划探索：以《淮安市清江浦区城乡空间发展实施规划》为例 [J]. 城市规划 ,2019,43(11):37-50.
4. 朱杰．多源数据融合的市县国土空间规划人口城镇化模式：以扬州市为例 [J]. 自然资源学报 ,2019,34(10):2087-2102.
5. 程茂吉．基于城市形态学视角的市县国土空间规划城镇空间管控研究 [J]. 城乡规划 ,2019(3):71-78.
6. 顾建波．县市国土空间总体规划技术思路探索 [J]. 小城镇建设 ,2019,37(11):17-25.

应有所差异[7]。作为空间规划体系建构的基本单元，县级总体规划在空间规划体系中的定位及其内容重点需要深入研究[8]。

现有对空间规划和事权的研究大部分侧重于分析原央地以及部门关系的职权交错混杂等背景下多规冲突背后的权力博弈，提出国土空间规划体系的构建要理顺央地关系、整合部门权益等，大部分研究习惯于将“市县”统归于央地关系中的“地方”层级，而对于市、县的差异并未有太多关注[9,10,11,12]。

基于此，本书从空间治理视角出发，对我国空间事权体系下县级政府的规划事权进行分析，进而探讨县级国土空间总体规划在空间规划体系中的定位，并对不同类型县级单元的国土空间总体规划的编制模式进行探讨，希望能加深对空间规划体系的理解，并为县级国土空间总体规划的编制实践提供有益参考。

基于我国当前行政体系的复杂性，本书中的县级包括县、县级市、自治县、区和旗，在规划事权上，自治县和旗与县基本接近，在本书中合并探讨。市级包括地级市、地区、自治州和盟，市级规划专指地级行政单位的规划。

1 空间治理与国外空间规划体系

1.1 空间治理的转型

20 世纪 90 年代，随着全球化的进程、新自由主义经济的发展以及公民社会的成长等宏观背景的转变，传统政府的角色和管理模式受到越来越多的挑战，“治理”（governance）成为新趋势。在空间层面，这种管理模式向治理模式的转型带来了权力在不同空间尺度之间的“纵向”重构，其中一个重点表现就是国家权力“下沉”，即随着区域和地方一体化发展的趋势政策制定和执行权力从国家向地方的下放[13]。西方政府认为，提升地方政府的事权有助于地方政府更好地处理与市场和社会的关系，制定更适合地方特征和需求的政策，从而更好地刺

7. 张尚武 . 空间规划改革的议题与展望 : 对规划编制及学科发展的思考 [J]. 城市规划学刊 ,2019(4):24-30.
8. 王新哲 . 地级市国土空间总体规划的地位与作用 [J]. 城市规划学刊 ,2019(4):31-36.
9. 林坚 , 许超诣 . 土地发展权、空间管制与规划协同 [J]. 城市规划 ,2014,38(1):26-34.
10. 邓凌云 , 曾山山 , 张楠 . 基于政府事权视角的空间规划体系创新研究 [J]. 城市发展研究 ,2016,23(5):24-30,36.
11. 谢英挺 . 基于治理能力提升的空间规划体系构建 [J]. 规划师 ,2017,33(2):24-27.
12. 张京祥 , 夏天慈 . 治理现代化目标下国家空间规划体系的变迁与重构 [J]. 自然资源学报 ,2019,34(10):2040-2050.
13.HAUGHTON G, ALLMENDINGER P, COUNSELL D, et al. The new spatial planning: Territorial management with soft spaces and fuzzy boundaries[M]. London: Routledge,2010.

激地方经济的繁荣和促进地方发展的多样化[14,15,16]。但权力地方化必然会带来地区发展差距以及恶性竞争的加剧等问题，为了避免和减少这些问题，国家作为“领航者”和“协调者”的角色更加重要，通过有限而精准的干预避免地方政策的失控，保障公平、安全等基本价值底线，以及保证地方政府的空间政策符合中央政府的愿景和战略框架[17]。

1.2 国外空间规划体系与事权关系

1999 年欧盟《欧洲空间发展展望》（ESDP）的发布首次正式提出了“空间规划”（spatial planning）的概念。从欧盟及成员国的相关定义来看，相对于传统的物质土地利用规划（physical land use planning），“空间规划”作为空间治理的政策工具具有综合性、民主性、协调性、功能性和长期性等特征，其核心内涵是地域整合和政策协调[18]。空间规划强调作为其规划对象的“空间”是一个完整领域（territory）以及经济社会等各种功能联系密切的场所。空间规划应在空间发展中充当协调者和整合者的角色，为不同部门和机构的政策和计划的整合与协调提供有效的平台，提升空间的整体的凝聚力，实现可持续发展[19,20]。

国外的空间规划体系基本按照一级政府、一级事权、一级规划的原则设置。在空间治理的趋势下，西方空间规划体系中各层级的事权划分也发生了变化，总体上表现为国家对地方规划的控制权减少，转而偏向提供政策框架性的指引，地方空间规划自主权和决策权得到提升[21]。以英国为例，英格兰在 2004 年从传统土地利用规划体系向空间规划体系转型之初，形成中央（规划政策条例）、区域（区域空间战略）和地方（地方发展框架）三级规划体系，中央和区域对

14.RODRÍGUEZ-POSE A, BWIRE, A. The economic (in)efficiency of devolution[J]. Environment and Planning A, 2004,36(11): 1907–1928.

15.RODRÍGUEZ-POSE A, GILL N. Is there a global link between regional disparities and devolution? [J]. Environment and Planning A, 2004, 36(12): 2097–2117.

16.JONES M, GOODWIN M, JONES R. State modernization, devolution and economic governance: An introduction and guide to debate[J]. Regional Studies,2005, 39(4): 397–404.

17. 姜涛 . 西欧 1990 年代空间战略性规划（SSP）研究 : 案例、形成机制与范式特征 [M]. 北京 : 中国建筑工业出版社，2009.

18.NADIN V. Spatial planning and EU competence: Draft paper for European Council of town planners[C]. ESDP Conference, 2002.

19.WONG C. Is there a need for a fully integrated spatial planning framework for the United Kingdom? [J]. Planning Theory and Practice, 2002(3): 277-300.

20.WONG C, BAKER M, KIDD S. Monitoring of spatial strategies: the case of local development documents in England[J]. Environment and Planning C: Government and Policy, 2006(24): 533-552.

21.NADIN V, MALDONADO A M F, ZONNEVELD W, et al. Comparative analysis of territorial governance and spatial planning systems in Europe[R/OL]. [2020-04-19]. www.espon.eu/planning-systems.

地方规划具有很强的干预和约束性。但 2010 年开始英国逐步废除了大伦敦之外的区域机构，2011 年出台了《地方主义法案》，中央政府主要行使战略指导和监督职能，地方议会根据地方法律自主处理本地区各项事务。英格兰层面以国家空间政策框架代替了规划政策条例，区域空间战略被废除，地方规划的地位得到提升[22]。地方规划以地方发展框架为实施性规划的主体，包含若干个政策文件，其中行动规划等是指导开发建设的依据。

总体而言，国外的规划中国家事权与地方事权划分较为明晰，地方综合性规划是国家事权向地方事权过渡、国家治理向地方治理转变的一个工具。国家和区域政府通过规划政策指引、法律法规以及规划监督工具等来保障地方综合性发展规划与国家和区域政策的一致（图 5-1）。

虽然我国宏观背景与制度环境与西方国家有较大的差异，不能照搬西方治理模式与规划体系，但西方规划体系中国家与地方政府之间的职能分工和规划事权划分可以为我国当下国土空间规划体系构建中央和地方政府的规划角色提供可借鉴的经验。

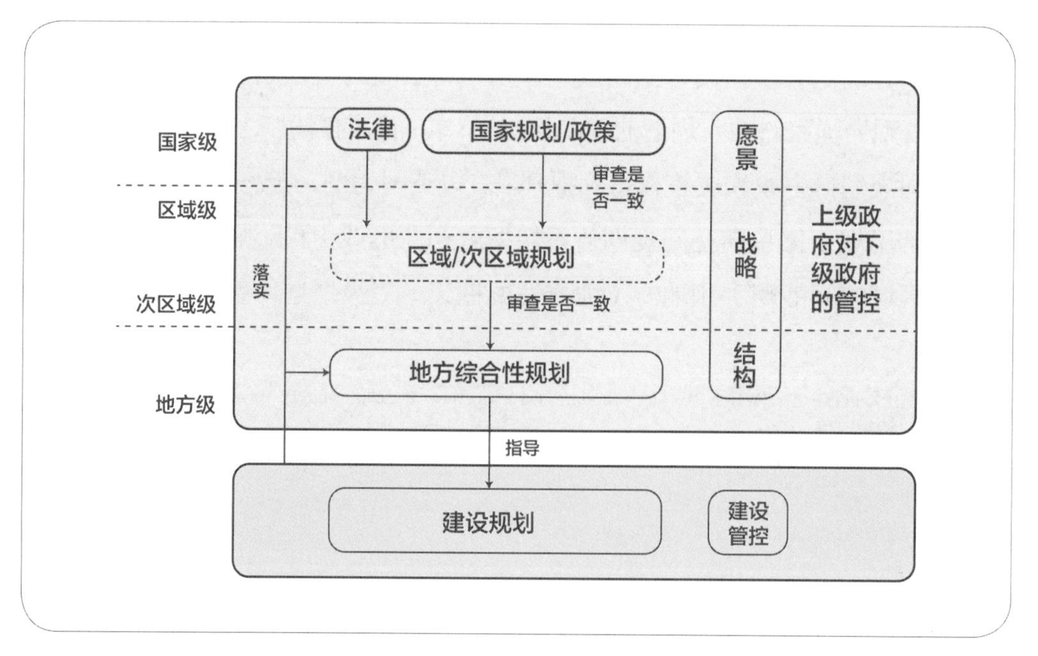

图 5-1 国外空间规划体系事权划分示意

22. 蔡玉梅，王国力，陆颖，等 . 国际空间规划体系的模式及启示 [J]. 中国国土资源经济 ,2014,27(6):67-72.

2 我国国土空间规划体系中的治理逻辑

2.1 体现国家意志的空间治理工具

建立空间规划体系是推进国家治理体系和治理能力现代化的重要环节。作为优化国土空间资源配置的基础性规划和国家落实可持续发展的空间蓝图，国土空间规划体系的构建首先要体现国家意志，强调自上而下的传导和自下而上的服从，上级规划要明确对下级规划的传导要求，下级规划不得突破上级规划的管控要求。国土空间规划体系应将国家对于生态保护、环境质量、粮食安全、民生保障等底线的刚性管控和可持续发展、区域协调、主体功能等国家层面的决策部署和重大战略通过指标、边界等约束性的传导要素逐级传递，实现国家对国土空间资源的管控与配置要求的最终落地。

我国宪法规定："中央和地方的国家机构职权的划分，遵循在中央的统一领导下，充分发挥地方的主动性、积极性的原则。"可见，中央在事权确认和划分上具有决定权。在没有国家授权或委托的情况下，地方政府是对中央决策的具体落实和执行机关。事权的划分并非是绝对的，即使是"地方事权"，上级政府及中央政府也仍可以行使监察权和进行问责[23]。

2.2 面向全域全要素的综合治理

空间规划改革的一个重要的目标是解决原有体系下各类自然资源要素长期以来底数不清、权责不明、多头管理、空间冲突、利益交杂等问题，实现对各类自然资源要素的统筹管理和优化配置。空间规划体系的构建强调"横向到边，纵向到底"，从传统空间性规划的土地资源拓展到"山、水、林、田、湖、草、矿、海、城、镇、村"等全部的自然资源，实现对国土空间的全域全要素的全覆盖，形成国土空间保护与开发"一张蓝图"，把每一寸土地都规划得清清楚楚。

2.3 与事权对应的分层级治理

根据《若干意见》，国土空间规划体系的构建应该与事权相对应，强调"一级政府、一级事权、一级规划"。"五级三类"的国土空间规划体系体现了党

23. 赵民 . 国土空间规划体系建构的逻辑及运作策略探讨 [J]. 城市规划学刊 ,2019(4):8-15.

中央对国土空间进行“分层级”治理的思路。总体规划和详细规划体系的构建是对中央到地方各级政府之间的事权关系以及政府—市场—社会三者之间的权益关系的重构，包含了中央空间事权的逐级传导最终向地方空间事权的过渡的过程。

总体规划是政府对其行政区域内的国土空间开发保护利用进行总体安排的综合性规划。总体规划贯穿各行政层级，是上级政府约束下级政府的空间政策工具。总体规划间的层级传导核心是中央对一级国土空间资源管控权的逐级落实；总体规划向详细规划的传导体现了一级管控权向二级管控权的过渡，这个“界面”应不同于其他层级之间的过渡，最“底层”的总体规划应该同时反映国家管控与地方利益的双重要求，形成融合国家意志与地方发展的综合性的蓝图。

3 我国行政体系与地方规划事权的界定

3.1 我国行政体系演变中的县级行政层级

县是我国历史最久的行政单位，最早可以追溯到春秋战国时期的“郡县制”，在秦代稳定为一级行政单位。在其后的历朝历代，我国的行政体系在“二级制”“三级制”和“多级制”之间不断更迭，州、郡、行省等中间层级的政区几经变化，但基层政府一直相对稳定为“县”[24]。虽然县以下通常还有乡、亭、里等组织，但中央政府政令的完整传递只到县，县以下则放任自流，以宗族自治为主，即所谓“皇权不下县，县下唯宗族”[25,26]。县是执行国家政策的基本单元，负责所辖区域内的农村经济、政治等工作。乡及以下的自治组织以社会职能为主，重点是维护社会治安和稳定，以及执行县里分配的赋税徭役等部分工作。

3.2 县级政府长期承担基层政府的角色

在当前行政体系下，县级政府是拥有完整行政职能的基层政府。乡镇虽然是一级行政建制政区，但政府的行政事权是不完全的。根据《中华人民共和国

24. 许正文 . 中国历代政区划分与管理沿革 [M]. 西安 : 陕西师范大学出版社 ,1990.
25. 徐祖澜 . 乡绅之治与国家权力 : 以明清时期中国乡村社会为背景 [J]. 法学家 . 2010(6): 111-127.
26. 费孝通 . 乡土中国 [M]. 上海 : 上海人民出版社 ,2013.

宪法》和《中华人民共和国地方各级人民代表大会和地方各级人民政府组织法》，县级政府拥有完整机构组织和行政职能，乡镇政府的部分机构是县级在乡镇的派出机构，而且在财政、环境与资源保护以及城乡建设等领域没有独立事权。因此，县级政府更适合承担空间治理体系中落实国家管控要求和管理地方发展双重功能的职能。

3.3 我国行政政区不同类型在县级政权的反映

我国行政政区包括地域型、城市型和混合型三类[27]。我国县级政区包含县（自治县、旗）、县级市和区，分属地域型、混合型及城市型政区，政府职能重点分别为“域”“域＋城”以及“城”（表 5-1）。县是地域型政区，其下一般辖乡镇，但现实中也存在大量县下设街道办事处的现象[28]。县级市是混合型政区，市区下辖街道，城市化发育相对充分，非农经济较为发达，城市功能和形态明显；外围乡镇仍然以农村功能和特征为主。区是城市型政区，下辖以街道为主，是完全城市化地区，但随着近年来撤县（市）设区的增加，涉农区逐渐增多。

表 5-1　县、县级市、区基本情况比较

		县	县级市	区
行政单元个数（2018）		1524 个	363 个	962 个
城镇化发育程度	城镇化率（六普）	31%	46%	77%
	农业就业比重（2016）	74%	64%	57%
政区性质		地域型	混合型	城市型
政府职能重点		域：农业农村	域＋城：城市与非农经济及农业农村	城：城市与非农经济

资料来源：中国统计年鉴 2018、第六次全国人口普查资料、中国县市社会经济统计年鉴 2017

27. 我国的行政体系的发展演变是随着经济社会的发展从农业社会的“地域型”政府行政体系向现代社会的“城市型”政府行政体系转变的过程。“地域型”政府，以省、县、乡为代表，以全域范围内的城乡合治为基本特征；“城市型”政府以市、镇为代表，以“城乡分治”为基本特征。（赵彪.改革以来我国市辖区体制变迁与空间扩展及政区优化研究[D].上海：华东师范大学,2019.）

28.《中华人民共和国地方各级人民代表大会和地方各级人民政府组织法》中仅明确“市辖区、不设区的市的人民政府，经上一级人民政府批准，可以设立若干街道办事处，作为它的派出机关”，但因未明确规定县下不可设街道，现实中存在大量的县辖街道现象。

4 我国县级政府的行政事权

4.1 一般规定

行政事权是指政府依照法律授权，管理其行政辖区内具体事务的权力。当前我国相关的法律法规，如《中华人民共和国宪法》（2018 年修正）和《中华人民共和国地方各级人民代表大会和地方各级人民政府组织法》（2015 年修正），分别对县级以上政府和乡镇政府的行政权力作了一般性规定（表 5-2），但对于县以上各级地方政府的事权并没有明确的划分，各级政府的事权一定程度上取

表 5-2 法律法规中对县和乡镇人民政府行政事权的规定

	县级以上人民政府	乡镇人民政府
《中华人民共和国宪法》（2018 年修正）	县级以上地方各级人民政府依照法律规定的权限，管理本行政区域内的经济、教育、科学、文化、卫生、体育事业、城乡建设事业和财政、民政、公安、民族事务、司法行政、计划生育等行政工作，发布决定和命令，任免、培训、考核和奖惩行政工作人员	乡、民族乡、镇的人民政府执行本级人民代表大会的决议和上级国家行政机关的决定和命令，管理本行政区域内的行政工作
《中华人民共和国地方各级人民代表大会和地方各级人民政府组织法》（2015 年修正）	县级以上的地方各级人民政府行使下列职权：（一）执行本级人民代表大会及其常务委员会的决议，以及上级国家行政机关的决定和命令，规定行政措施，发布决定和命令；（二）领导所属各工作部门和下级人民政府的工作；（三）改变或者撤销所属各工作部门的不适当的命令、指示和下级人民政府的不适当的决定、命令；（四）依照法律的规定任免、培训、考核和奖惩国家行政机关工作人员；（五）执行国民经济和社会发展计划、预算，管理本行政区域内的经济、教育、科学、文化、卫生、体育事业、环境和资源保护、城乡建设事业和财政、民政、公安、民族事务、司法行政、监察、计划生育等行政工作；（六）保护社会主义的全民所有的财产和劳动群众集体所有的财产，保护公民私人所有的合法财产，维护社会秩序，保障公民的人身权利、民主权利和其他权利；（七）保护各种经济组织的合法权益；（八）保障少数民族的权利和尊重少数民族的风俗习惯，帮助本行政区域内各少数民族聚居的地方依照宪法和法律实行区域自治，帮助各少数民族发展政治、经济和文化的建设事业；（九）保障宪法和法律赋予妇女的男女平等、同工同酬和婚姻自由等各项权利；（十）办理上级国家行政机关交办的其他事项	乡、民族乡、镇的人民政府行使下列职权：（一）执行本级人民代表大会的决议和上级国家行政机关的决定和命令，发布决定和命令；（二）执行本行政区域内的经济和社会发展计划、预算，管理本行政区域内的经济、教育、科学、文化、卫生、体育事业和财政、民政、公安、司法行政、计划生育等行政工作；（三）保护社会主义的全民所有的财产和劳动群众集体所有的财产，保护公民私人所有的合法财产，维护社会秩序，保障公民的人身权利、民主权利和其他权利；（四）保护各种经济组织的合法权益；（五）保障少数民族的权利和尊重少数民族的风俗习惯；（六）保障宪法和法律赋予妇女的男女平等、同工同酬和婚姻自由等各项权利；（七）办理上级人民政府交办的其他事项

资料来源：《中华人民共和国宪法》（2018 年修正）、《中华人民共和国地方各级人民代表大会和地方各级人民政府组织法》（2015 年修正）

决于上级政府的决定[29]。因此，在我国复杂的行政体系下，各地县级政府的行政事权差异较大，尤其是与上下级政府之间的事权划分没有清晰明确的边界，存在大量的模糊空间。而同为县级，市辖区、县和县级市不同类别的行政单元，其行政事权也各有不同。

4.2 县级与上级政府的事权关系

在我国当前行政架构下，与县级政府有直接的事权关系的上级政府包括省级（含自治区和直辖市）政府和地级政府（地级市、州和地区）。县级政府与省、地级政府之间的事权关系主要可以分为市（地）管县模式和省管县模式。

在市（地）管县这种模式下，县在行政关系上隶属于市（地）管辖，理论上市（地）对县在财权、事权和人权等方面有绝对的行政命令权力，县级政府要服从市（地）级政府的行政命令。另外，由于地级政府最初是作为省级政府的派出机构，其对县的行政权力由省政府赋予，以督察为主。地市改革之后，市（地）虽然成为一级行政层级，并没有出台法律具体明确市（地）对县的行政管辖权。但县作为宪法规定的一级政区，依法享有独立的财权和事权。从各地的实践来看，市（地）和县职权的划分基本遵循了财权上收和事权下沉的大方向[30]。市（地）管县模式的现实效果并不理想，在欠发达地区市（地）政府往往为了壮大中心城区而侵占所辖县的资源，在发达地区市（地）政府无力统筹协调下辖县级单元，因此，部分研究认为省直管县是未来我国行政体系改革的大方向。

省管县模式在实践中主要有两种。第一种是省直管县形式，变“省—市（地）—县”三级体系为“省—市（地）/ 县”两级体系，由省对县的财权、事权和人权等进行直接管辖，市（地）和县在行政层级上不再是上下级关系而是平行关系。如湖北的仙桃、天门、潜江三县级市由省直管。第二种是扩权强县的形式，在保持行政区划上的“省—市（地）—县”三级关系的基础上弱化市（地）级对县的管理权限，在财权、事权和人权的某些方面赋予县级政府部分地级政府的权限，由省级政府直接领导县级政府，如浙江通过几次“扩权强县”改革把 313

29. 杨苏琳 . 关于政府间事权划分存在问题及对策思考 [J]. 学理论 ,2014(14):15-16.
30. 杨洋 . 省直管县体制下的市县关系研究 [D]. 重庆 : 重庆大学 ,2018.

项属于地级市的经济管理权限下放给20个县级行政区，权限范围包括计划、外贸、国土资源、交通等[31]（表5-3）。

表5-3 浙江省五次“扩权强县”的改革内容

时间	扩权文件	扩权县（市）	扩权数目（项）	扩权内容
1992年	浙政发〔1992〕69号《关于扩大13个县（市）部分经济管理权限的通知》	萧山、余杭、鄞县、慈溪等13个县（市）	4	基本建设审批权、技术改造项目审批权、扩大外资投资项目审批权、简化相应的审批手续
1997年	浙政发〔1997〕53号、浙政发〔1997〕179号	萧山和余杭两个县级市	11	享受地级市部分经济管理权限:包括基本建设和技术改造项目审批、对外经贸审批、金融审批、计划、土地管理权限等
2002年	浙委办〔2002〕40号《关于扩大部分县（市）经济管理权限的通知》	绍兴、温岭、慈溪、诸暨、余姚、乐清、瑞安、上虞、义乌、海宁、桐乡、富阳、东阳、平湖、玉环、临安、嘉善等17个县(市)及杭州市萧山区、余杭区和宁波市鄞州区	313	除国家法律、法规明确规定外，“能放都放”：发展计划、经济贸易、外经贸、国土资源、交通、建设、环保、财政、税务、体改、农林渔、劳动人事民政、科技教育信息产业、工商技术监督、药品监督、旅游等审批权限
2006年	浙委办〔2006〕114号《关于开展扩大义乌市经济社会管理权限改革试点工作的若干意见》	义乌市	603	除规划管理、重要资源配置、重大社会事务管理等经济社会管理事项外，赋予义乌市与设区市同等的经济社会管理权限。义乌成为“全国权力最大的县”
2008年	浙委办〔2008〕116号	全省各县（市）	义乌市618	在国家法律、法规允许范围和第三、四次改革的基础上进一步扩权
			其他县（市）443	

资料来源：何涛舟.“省直管县”改革与“浙江条件”的解读[J].中国城市研究,2009,4(1):8-12.

4.3 县级与下级政府的事权关系

县级与下级政府的事权关系主要是与乡镇政府的事权划分。乡镇作为一级行政单元，其政府职能并不完整。从法律渊源的角度，根据《中华人民共和国宪法》（2018年修正）和《中华人民共和国地方各级人民代表大会和地方各级

---

31. 何涛舟.“省直管县”改革与“浙江条件”的解读[J].中国城市研究,2009,4(1):8-12.

人民政府组织法》（2015 年修正），乡镇政府的职能主要是执行本级人大决议和上级行政机关的决定和命令，其余县、乡两级政府的事权差异主要见表 5-2。

在实际操作层面，20 世纪 80 年代中期，我国曾尝试推进县乡改革，希望将乡镇建设为一级完整的基层政府。1986 年中共中央、国务院发出《关于加强农村基层政权建设工作的通知》（中发〔1986〕22 号文件），提出加强乡镇财政，以及简政放权，将原县在乡镇设立的分支机构中能够下放的机构和职权下放给乡镇。这一改革在进入 90 年代之后就被逆转，上级政府对基层的管控不断强化，原来下放到乡镇政府的权力又重新回到县级政府。近年来，随着经济的快速发展，以浙江温州为代表的一些发达地区出现强镇扩权的情况，提出“镇级市”设想，赋予经济水平较强的镇以县级的行政权力以解决镇行政管理权限不能满足经济社会发展需求的矛盾，但从目前的结果来看这一改革的方向是撤镇设市而非镇级政府的扩权。因此，一般意义上乡镇的行政管理权限较弱，没有行政决定权，而是以落实和执行上级政府的命令和任务为主，尤其在环境和资源保护、城乡建设事业等方面不具有行政决策权限。

4.4 市辖区、县及县级市政府之间的行政事权差异

从行政类别和职权上来看，市辖区是城市政区的行政单元，区政府是市政府的派出机构，大部分区政府机构为市政府机构的派出单位，受市政府机构的垂直管理，区政府有直接管理权限的主要是教育（不含高等教育）、社会保障等公共服务部门。

县级市政府是在符合国家设市标准的较小地域内设立的城市政府，以城市管理为主要职责兼顾农村，下辖街道办事处和乡镇政府。县政府是设立于农村地区的地方政府，以农村地区的管理为主要职责，下辖乡镇政府。县和县级市依法具有独立的财权、事权和人权。县级市具有更大的独立性和自主性，尤其是在城建规划、土地管理以及城市型公共服务等方面。如跟县相比，县级市可以审批用地面积更大的项目，可以获得更多的建设用地指标、可以设立更高等级的服务设施等。20 世纪 80 年代，许多原本没有达到考核标准的县，也升级成了县级市。有鉴于此，中央于 90 年代停止了所有“撤县设市”的申请，一直到 2015 年才重新开放。

4.5 县级政府在规划事权中的分工

在原土地利用规划和城乡规划中，除了市级政府直接管辖城市地区的实施权，县级是空间管控的规划实施权力最集中、最基础的层级。

土地利用规划是我国土地用途管制的基础，核心是通过“三区四界”和土地利用规模、计划等将中央对土地一级发展权的管控逐级分解至地方进行落实[32]。在实施方面，对非建设用地管控的实施大部分在县级，基本农田的划定由县级组织实施，非建设用地土地使用权的确权以及土地使用权证和承包经营权证都是由县级人民政府核发。集体建设用地的使用权证书由乡镇报所属县级人民政府核发；国有建设用地方面，城市地区的使用权证书由市人民政府核发，其他的基本由县级核发。

城乡规划通过核发“一书三证”对空间开发的用途、强度等进行控制。在具体的实施中，“一书三证”的实施许可主要由县级政府核发，镇级政府仅有部分乡村建设规划许可的权力。

5 县级总体规划的实践

5.1 土地利用总体规划与城乡总体规划

不同政区的行政事权层级关系也不完全相同，行政事权的分层关系在空间上主要体现在地域型政区和混合型政区的“全域”的部分。对于城市型政区和混合型政区的“城区”部分，规划建设及资源管理事权为市政府直属管理。

土地利用总体规划强调对全域的管控与安排，根据《中华人民共和国土地管理法》，县和县级市的土地利用总体规划的事权没有本质的差异，市辖区土地利用总体规划的事权由地级市政府授权决定。

县是地域型政区，城市（乡）规划中，县级规划的定位及内容一直比较模糊。根据《中华人民共和国城市规划法》及《中华人民共和国城乡规划法》，只有“县人民政府所在地镇的总体规划”，没有县级或县域的总体规划。大量的规划实践中创设县级总体规划，按照市规划的模式即“县城规划 + 县域城镇体系”

32. 林坚，吴宇翔，吴佳雨，等．论空间规划体系的构建：兼析空间规划、国土空间用途管制与自然资源监管的关系 [J]. 城市规划，2018,42(5):9-17..

进行规划编制。县域城镇体系规划作为县城总体规划的编制延伸有其历史原因，但仅是权宜之计[33]。“县城”是一个约定俗成的概念，一般指“县人民政府所在地镇”。随着县域城镇化水平的提高，“县城”规模的壮大，部分省通过地方立法创设了“县城”的概念，如《甘肃省城乡规划条例》（2009 年 11 月 27 日通过）明确规定了“县城”的概念，即包括县政府所在镇和已经与该镇建设发展关系密切的镇、乡和村庄。《山东省城乡规划条例》规定了县城总体规划需由省人民政府审批。在高度城镇化地区，城镇连绵发展，县城有可能突破“县人民政府所在地镇”的范围[34]。“县城”是对县级市审批暂停期的临时应对，其目的是对县进行城市型的管理，未从制度上改变县的行政事权与定位。

5.2 国土空间总体规划

总结部分已经发布的省级国土空间规划体系相关文件可以发现，对于县一级的总体规划定位各不相同，体现了不同的治理重点。各省均将县级的市和县归为同一类型，均为“全域 + 中心城”的编制模式。除云南以外，各省普遍将县级规划的审批权赋予了省级政府，这与加强规划的管控、“省管县”等改革导向是一致的。云南则取消了原有城市规划体系中“越级审批”的现象，中心城以外的区、县（市）规划均由上级的州（市）审批。对于“县级政府所在地的镇”大多没有明确，仅有江苏省规定县国土空间规划包括县级政府所在地的镇，云南在镇级规划中将“县（市）人民政府所在地的镇”单列（表 5-4）[35]。

在国土空间规划体系建构的初期，总体规划的重点是“域”，但随着研究的进展，关于中心城的内容逐渐增加，一方面因为城市是重要的社会、经济、文化载体，另一方面因市辖区的城乡规划归市级政府“直管”，考虑与事权对应，市的国土空间总体规划应包含中心城区[36]。但根据前文的分析，对于典型的地域型政府而言，将“县城”纳入县级国土空间总体规划是值得商榷的。

33. 赵民，郝晋伟 . 城市总体规划实践中的悖论及对策探讨 [J]. 城市规划学刊，2012(3):7-15.
34. 王新哲 . 对规划区划定原则的研究 [J]. 城市规划学刊，2013(6):67-75.
35. 绝大多数省份的市级建制中，已没有了“地、州”的类型，所以在县级规划中也模糊了县与市的区别，但云南有较多的地、州，在规则制定中明显区分了地域型政区与城市型政区的区别，提出“州（市）政府所在的市（区）可与州（市）合并编制，报省政府审批，也可单独编，按程序报省政府审批。县（市、区）政府所在地乡镇与县（市、区）合并编制，一并报州（市）政府审批”。
36. 按照事权对应的关系，市总体规划所含的“城区”应为市辖区或街道，但《市级国土空间总体规划编制指南（试行）》采用了“市域 + 中心城区”的编制体系，这是考虑到区级事权的复杂性与多样性，也为区国土空间总体规划的编制留出了空间。

表 5-4 部分省县级总体规划及乡镇级规划编制审批要求

	区		县（市）	乡镇	
	市政府所在区	一般区		县级政府所在乡镇	一般乡镇
云南	可和市合并编制，也可单独编制；报省政府审批	市政府	州（市）政府审批；州政府所在市可与州合并编制，也可单独编制；报省政府审批	县（市、区）合并编制，一并报州（市）政府审批	县（市、区）政府审批
浙江	逐级上报省人民政府审批		逐级上报省政府审批	中心城区范围内的，逐级上报省政府审批	省政府授权市政府
江苏	—		设区市政府审查同意后报省政府审批	不单独编制，包含在县级规划中	设区市政府审批；省级以上历史文化名镇的规划报省政府审批
河北	—		设区市人民政府审批；省政府指定的重点县（市）经设区市人民政府审查同意后报省政府审批	市辖区内的，报设区市政府批准或由市级政府授权的县级政府批准；其他的由县级政府审批	
河南	—		逐级报省政府审批	逐级报市级政府审批	
山东	—		报省政府审批	开发边界内的乡镇纳入中心城区	市、县（市）政府审批
山西	—		由市政府报省政府审批	县级政府报市级政府审批	
四川	—		逐级上报省政府审批	城市（县城）开发边界内的乡镇纳入市县统一编制	上一级人民政府审批
江西	单独编制的，逐级审查报省政府审批		逐级审查报省政府审批	市辖区的报设区市政府批；其他报县（市）政府批	
吉林	—		逐级审查报省政府审批	逐级审查报市州政府审批	
黑龙江	—		由市（地）政府（行署）报省政府审批	由县（市、区）政府报市（地）政府（行署）审批	

资料来源：作者根据各省国土空间规划体系相关文件整理

6 空间规划体系中县级国土空间总体规划的定位

6.1 基于空间治理的县级国土空间总体规划定位

从上述分析可知，县级政府是国家较为基层的政权，是大量国家事权与地方事权交接的“界面”，县级规划应当也可以成为体现国家事权的最基层规划，是国家“统一行使全民所有自然资源资产所有者职责”的重要载体，国家监督实施空间规划的重要平台，侧重于底线管控的落实以及地方发展与国家战略和政策框架的协同。

同时，国际经验也表明，各国在乡镇层面普遍有总体层面的空间规划作为地方发展的指引，其空间规划主要是在相关的法律法规的框架约束下，服务于地方发展的需要而编制，且与地方政府的事权高度匹配[37]。所以从治理的角度，详细规划、镇级总体规划更接近“地方规划”。

6.2 县级国土空间总体规划是总体规划—详细规划的传导界面

在空间规划体系中，市县镇均可编制详细规划，详细规划的上位规划是总体规划，各级城市的中心城区规划都可直接指导详细规划，也可通过进一步的区总体规划（或分区规划）细化落实后指导详细规划。市级规划中心城区以外的部分要通过下辖县市的总体规划继续深化才可以直接指导详细规划。镇级规划“可因地制宜，将市县与乡镇国土空间规划合并编制”，没有编制乡镇总体规划的地域其详细规划的上位规划是县级规划（图 5-2）。因此，总体规划到详细规划的界面较为复杂，同时在未来的管理过程中会出现规划的局部调整、修正等，更加剧了“界面”的复杂性。为加强操作性，亟须建立面向实施（详细规划）的总体规划的“最终成果”整合平台。目前我国正在建立的国土空间规划“一张图”信息系统正是为此而进行的，但该系统目前是采取分级建设的方案，未能形成跨层级的整合平台，建议在未来的方案中进行适当调整（图 5-3）。调整后的方案中，省级、市级系统主要用于监督、控制总体规划编制，县级系统处于核心位置，成为整合部分市级中心城区规划、镇级规划核心要素的平台，直接面对详细规划编制，作为监督实施的重要平台。

37. 彭震伟，张立，董舒婷，等．乡镇级国土空间规划的必要性、定位与重点内容 [J]. 城市规划学刊 ,2020(1):31-36.

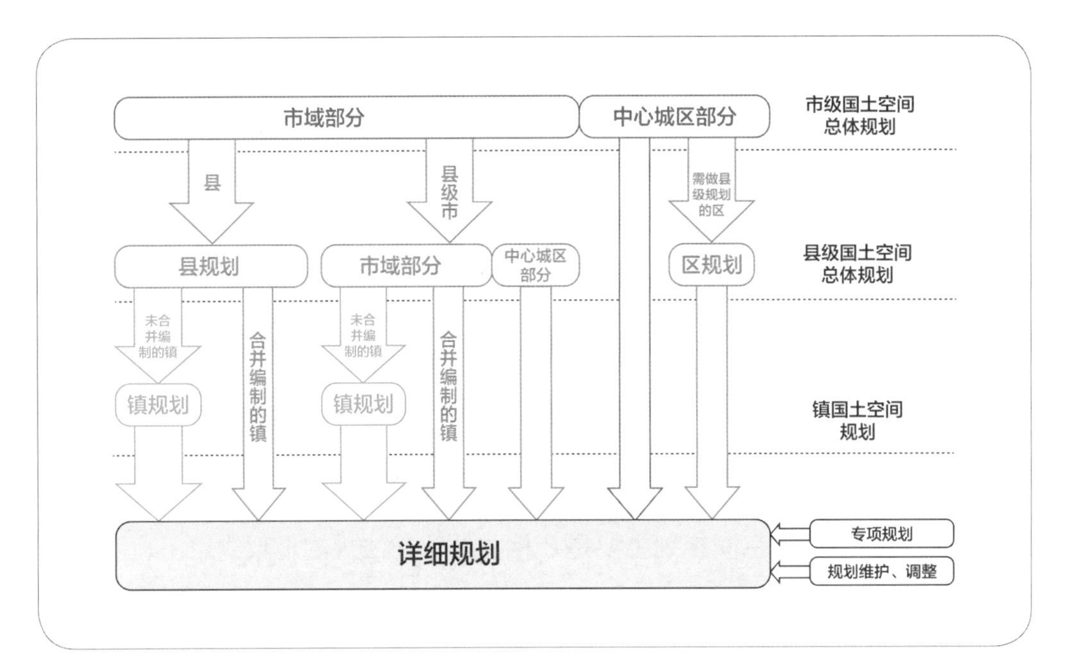

图 5-2 市级、县级和镇级国土空间规划与详细规划的关系

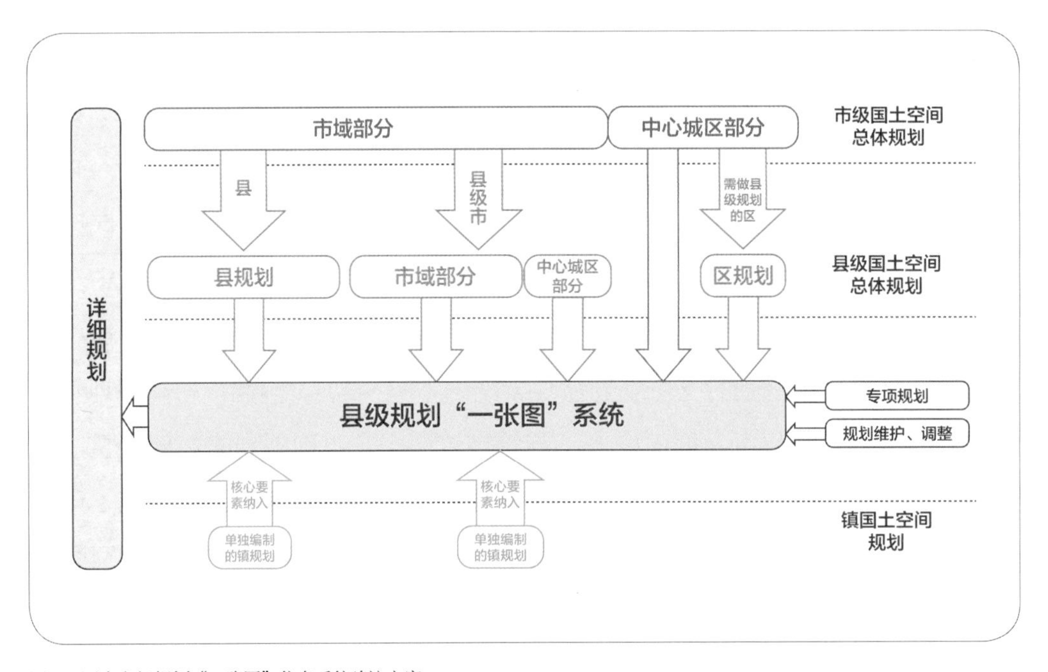

图 5-3 国土空间规划“一张图”信息系统建议方案

7 县级国土空间总体规划的编制模式与内容重点

7.1 县级国土空间总体规划的重点在“域”

前文提到我国行政政区包括地域型、城市型和混合型三类。实力较强、数量较多的为城乡合治的混合型，各级政府都将重点放在了“城区”，这与城镇化、工业化的发展进程密切相关。但县级政府，特别是县的首要任务是对全域的管理。从土地利用规划的有效传导和近些年来各地开展的全域城乡规划就可以看出，“域”的统筹、管理是非常迫切而且可行的，这也是空间规划体系改革的初衷与重点。县域规划应该做好全域国土空间底线管控，进行全域功能的引导，对生态、农业、城镇空间的保护、开发、利用和修复，以及在对县域结构性的交通、基础设施廊道及重点设施作出统筹安排的同时，明确镇村体系并对乡村的发展提出管控和引导要求，为促进城镇化与乡村振兴提供支撑，体现向上对接城市、向下带动乡镇发展的作用。

7.2 县级市、市辖区和县的总体规划应有所差异

县、县级市和市辖区三类县级政区在事权和特征上有所不同，在规划编制模式和内容上也应各有侧重。

7.2.1 县级市国土空间总体规划

县级市有特征明显的中心城区。其建制一般为街道，街道不具备独立的规划编制组织权，其规划安排需纳入由县级市政府组织编制的县级市总规中。县级市国土空间总体规划包括市域及中心城区两个空间层次。县级市规划内容除了对市域的管控与安排外，中心城区部分应在落实上级对城市要求的同时，体现城区发展的诉求，并为详细规划提供依据，具体应包括：空间结构和功能分区的安排，产业优化策略与空间布局，主次干道体系、重要公交网络与重要设施布局，结构性蓝绿网络体系与公共开敞空间的布局与管控要求，历史文化保护的界线与管控要求，开发强度分区、密度控制、风貌控制等城市设计与空间形态管控要求，通风廊道的格局和控制要求，住房保障、公共服务体系与社区生活圈的安排，基础设施体系与重要设施布局，城市更新的重点空间与策略等方面。

7.2.2 市辖区总体规划

在城市规划体系下，区原则上不具备独立的总体规划编制权（区可以编制分区规划）。空间规划体系下，如无上级政府授权，一般不单独组织编制区总体规划，而是在市级总体规划中完成。鉴于县改区的普遍性及区本身的多样性，建议以下三种情况可单独组织编制区国土空间总体规划（图 5-4）：一是城市面积较大，在市级总体规划中难以达到直接指导详细规划的深度要求，则需要编制区级总体规划以深化细化市级总体规划的内容（也有学者建议保留“分区规划”的类型，但基于减少规划概念的思路，本书更倾向于“区国土空间总体规划”）。二是独立于中心城区外、未被市级总体规划纳入中心城区的区，可参照县级市编制完整的区总体规划。三是与中心城区空间关系紧密的涉农区，可重点针对非城市化地区编制区国土空间总体规划，作为对市级总体规划中市辖区非城市化地区规划安排的补充。这类区总体规划属于不完全的类型，需要市级国土空间总体规划明确任务。

2022 年颁布的《南京市国土空间规划条例》对辖区编制区级国土空间规划进行了详细的规定，区规划分为区国土空间总体规划、分区规划两种类型，雨花台、栖霞、江宁、浦口、六合、溧水、高淳等外围区编制的区国土空间规划相当于县级规划的深度，条例同时规定这些区纳入市国土空间总体规划确定的主城、副城、新城的范围内要编制分区规划，鼓楼、玄武、秦淮、建邺等区编制分区规划，不再单独编制区国土空间总体规划。这里的分区规划虽然与区国土空间总体规划列为同一级，但显然设计深度是不同的。

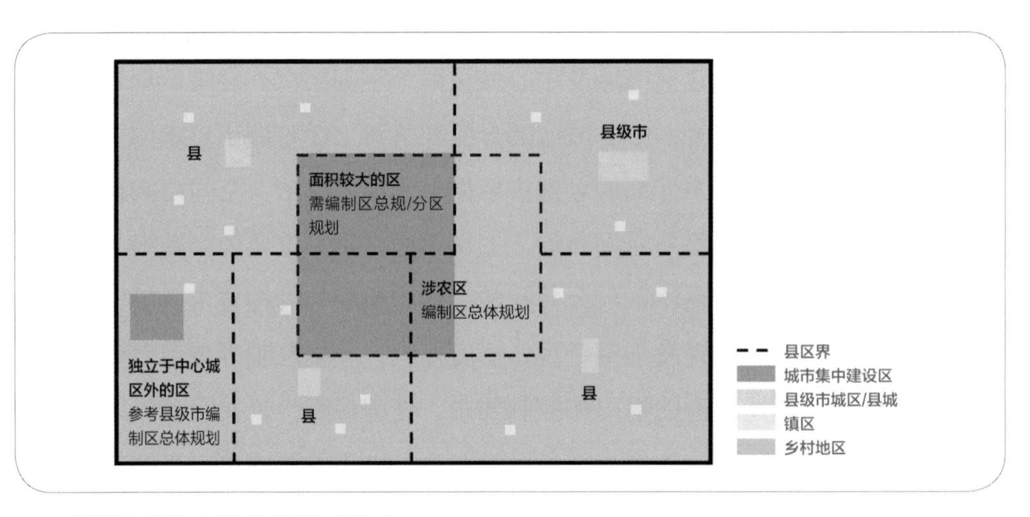

图 5-4 单独编制区国土空间总体规划的三种情况

专栏

《南京市国土空间规划条例》（2022 年 11 月 25 日江苏省第十三届人民代表大会常务委员会第三十三次会议批准）关于区规划的设定

第十二条　本市建立市、区、镇（街）三级，总体规划、详细规划、相关专项规划三类的国土空间规划体系。

总体规划包括市国土空间总体规划、区国土空间总体规划（分区规划）、镇（街）国土空间总体规划。雨花台、栖霞、江宁、浦口、六合、溧水、高淳等区除编制区国土空间总体规划外，还应当在市国土空间总体规划确定的主城、副城、新城范围内编制分区规划。鼓楼、玄武、秦淮、建邺等区编制分区规划，不再单独编制区国土空间总体规划。江北新区依据国务院批复的规划范围，编制江北新区国土空间总体规划，有关成果纳入市、区国土空间总体规划。市国土空间总体规划确定的新市镇、城镇型社区所属的涉农镇（街）编制镇（街）国土空间总体规划。

详细规划包括城镇开发边界内的详细规划和城镇开发边界外的村庄规划。

相关专项规划包括总体规划层面的专项规划和详细规划层面的专项规划。

7.2.3 县国土空间总体规划

前文提到，县国土空间总体规划作为一个事实存在的城市规划类型，包含了县域和县城两个层次。但从行政关系来讲，城关镇和其他乡镇作为同一行政层级的政府，在行政事权上具备同等地位，在土地利用规划事权上没有差别，城市规划通过划定规划区将县城的规划权力“上收”至县政府，其实“上收”的只有总体规划和详细规划的编制权、郊区农村建设审批权。部分实力较强的镇有较大的规划自主权是因为获得了县政府的权力下放和授权。县域总体规划的实践进一步体现了县域各镇规划事务的“平等”，是符合县域治理的导向的。

因此，建议在国土空间规划体系下，县国土空间总体规划以县域为重心，为突出其重点是对县域的管控和安排，在内容上不含“县城”或城关镇。城关镇可以单独或联合其他连绵形成“县城”的镇编制镇国土空间规划。对于城镇规模较小、无须单独编制镇国土空间规划的地区，可“因地制宜，将市县与乡镇国土空间规划合并编制”。鉴于当前县辖街道的实际情况，辖有街道的县可参考县级市，在规划中增加县城的内容，范围以街道为主，但长远来看应通过撤县设市理顺行政关系。

7.3 县级国土空间总体规划与镇级国土空间规划的关系

浙江、江苏等地开展的县市域总体规划基本上是将城区规划的深度覆盖到全域，这不可避免地造成了对镇级事权的上收、规划内容繁杂等问题。随后进行的“多规合一”聚焦于底线型、结构性要素，但也有部分省市学习江浙经验，将“多规合一”做成了县市域总体规划。浙江省县市域总体规划虽然较为成熟，也得到多方面的认可，但与其同步推出的还有浙江省在全国率先进行的强镇扩权试点工作，将部分县级管理职能下放到镇，使得镇级政府自由裁量权扩大，但削弱了县级政府对全县域的区域协调能力以及构建一体化发展环境的控制力[38]。部分城镇又单独编制镇总体规划，突破了县市域总体规划，造成了镇级与县级规划的冲突。

结合我国的行政管理体制特点，乡镇国土空间规划既要与当下的乡镇事权相匹配，也要明晰并尝试改革县与乡镇之间的事权划分，逐步因地制宜地适当下放县级规划建设管理权限，提升乡镇政府的执政能力[39]。《若干意见》中“将市县与乡镇国土空间规划合并编制，也可以几个乡镇为单元编制乡镇级国土空间规划”也存在理解上的悖论。如果合并编制的是实力较强的镇（自然应包含城关镇），虽然符合上级政府对重点地区加强管理的导向，但也一定程度上剥夺了强镇的自主权。如果合并编制的是规模较小、实力较弱，没能力或不需要编制镇国土空间总体规划的镇，那么将造成重点镇与一般镇管控层级上的错位。所以，基于空间治理的层级与逻辑合并编制只是一种操作手段，县乡联动、同步编制，能确保县市层面获得足够、有效和精准的信息反馈，也能同时确保乡镇发展诉求在县级国土空间总体规划中得以呈现。无论是同步还是先后编制，县、镇规划成果应当分置，纳入县国土空间总体规划的内容层级是相同的，大量属于“地方规划”的内容只需在镇（包括城关镇）国土空间规划中体现（表 5-5）。

38. 龙微琳，张京祥，陈浩．强镇扩权下的小城镇发展研究：以浙江省绍兴县为例 [J]. 现代城市研究，2012,27(4):8-14.
39. 彭震伟，张立，董舒婷，等．乡镇级国土空间规划的必要性、定位与重点内容 [J]. 城市规划学刊，2020(1):31-36.

表 5-5　县级国土空间总体规划编制模式及内容比较

<table>
<tr><th colspan="2"></th><th>县</th><th>县级市</th><th>区</th></tr>
<tr><td colspan="2">编制主体</td><td>县政府（+合并编制的乡镇政府）</td><td>县级市政府（+合并编制的乡镇政府）</td><td>上级政府授权区政府</td></tr>
<tr><td colspan="2">编制模式</td><td>县域规划，不含城关镇，城关镇和其他乡镇可合并编制，但成果分列</td><td>包含市域规划和中心城区规划两个层次，乡镇可合并编制，但成果分列</td><td>城区的深化、细化</td></tr>
<tr><td rowspan="2">编制内容重点</td><td>全域</td><td colspan="2">三条控制线，功能分区，对生态、农业、城镇空间的保护、开发、利用和修复，县域结构性的交通、基础设施廊道及重点设施，镇村体系，乡村发展的管控与引导，等等</td><td>—</td></tr>
<tr><td>中心城区</td><td>—</td><td colspan="2">空间结构，功能分区的深化细化；产业优化策略与空间布局；主次干道体系、重要公交网络与重要设施布局；结构性蓝绿网络与公共开敞空间的布局与管控要求；历史文化保护的界线与管控要求；开发强度分区、密度控制、风貌控制等城市设计与空间形态管控要求；通风廊道的格局和控制要求；住房保障、公共服务体系与社区生活圈的安排；基础设施体系与重要设施布局；城市更新的重点空间与策略等</td></tr>
</table>

注：独立于中心城区外的区参考县级市编制；涉农的市辖区规划编制模式和内容由地级市规划明确。

8　结语

央地事权关系是当前国家治理现代化的重要内容。空间规划体系构建的基本原则是与事权相对应，实现对国家空间管控的分级传导。在市县镇三级中，县级是从中央事权向地方事权过渡的“界面”，其总体规划应该是体现国家事权的总体规划的基础层。

本章对县级国土空间总体规划的定位、模式与内容的思考是基于对国土空间规划体系构建的治理逻辑以及县级事权的分析，期望能对县级规划的编制提供一定借鉴。但鉴于我国县级单元发展阶段和空间特征的复杂性，县级规划编制的技术思路还需要进一步深入研究。

第6章

镇开发边界的定位与作用：分化治理、上下协同、增强实效[1]

城镇开发边界是国土空间规划重要的政策工具，城镇开发边界不仅用来限制约束城市的扩张，而且在塑造美丽国土、土地发展权的许可方面也具有重要的作用，并成为上下级传导的重要工具。小城镇由于其规模较小、城镇化水平不高，城区的识别标准并不完全适用，同时大量乡村建设已经具备了城镇建设的特征，现有城镇开发边界政策与技术标准在镇级层面面临失效。关注城、镇开发边界的差异化，明确镇开发边界的相关技术规定，将是县、镇级国土空间规划相关技术规程研究不可回避的问题。镇开发边界定位上应从“控形态”到“管行为”；目标上应从“集约度”到“紧凑度”；对象上应从“划重点”到“全覆盖”；方法上应从“紧约束”到“赋弹性”。

划定城镇开发边界是国土空间规划体系建构的一项系统工程，具有重要的意义。在早期的文件中，住建部称其为“城市增长边界”，国土部门称其为“城市开发边界”，但重点是一致的，均针对城区的扩张。2014年原国土资源部和城乡建设部开展划定城市开发边界的试点工作均设在规模增长较快城市。

开发边界在2014年划定试点中称为“城市开发边界”，2019年《若干意见》也将开发边界命名为“城镇开发边界”。城市与城镇意义相近，很多时候甚至通用，但在政策语境里，特别是并列或先后存在的时候，还是有较大区别。正如我国的“城市化”与“城镇化”在语义基本相同的背景下，也包含了不同的政

1. 本文部分内容引自：王新哲，李航，彭灼．镇开发边界的定位与作用研究[J]. 城市规划学刊，2021(2):66-71. 有扩充、修改。

策引导倾向。就目前的城镇开发边界的实践及技术规范来讲，基本还处于“城市开发边界”的阶段，随着国土空间规划的深入开展，开发边界的划定工作进入县、镇级层面时，原有的城市层面的规定与规范出现了部分不适应，需要认真梳理。

本章按照《若干意见》的规定总称“城镇开发边界”，分开论述时将城镇开发边界分为“城开发边界”与“镇开发边界”。但为了尊重相关政策与研究的背景，在引用时保持原文不变。镇开发边界的研究同时兼顾“镇级”和“小城镇”，规模较小的城市或县城划定可参考镇开发边界。

1 国土空间规划中的“三线”

1.1 “三条控制线”

“三条控制线”是指生态保护红线、永久基本农田、城镇开发边界三条控制线。2019 年中共中央办公厅、国务院办公厅印发了指导意见，要求在国土空间规划中统筹划定落实三条控制线。

在国土空间规划分区体系建立之前，基本农田和生态红线都进行了一系列的划定工作，特别是基本农田已经融入土地利用总体规划的体系之中，形成了比较成熟的划定技术流程。

空间规划体系建立之前，国内外开发边界划定工作也已经进行了广泛的实践，赵民等系统回顾了城镇开发边界的概念缘起、我国开发边界的划定工作[2]。在划定与管控方面提出了要“体现层级传导”，从一个侧面反映了开发边界的划定工作在多层级工作中的不足。

1.2 国土空间分区与“三线”

国土空间规划分区是空间规划体系的重要创新与政策工具，《市级指南》发布了包含“城镇发展区”在内的规划分区方案。生态红线、永久基本农田也

2. 赵民，程遥，潘海霞. 论“城镇开发边界”的概念与运作策略：国土空间规划体系下的再探讨 [J]. 城市规划，2019(11):31-36.

有相应的分区，但在定义上略有不同，造成了在划定工作中的细微差异。

城镇发展区的定义为“城镇开发边界围合的范围”，即城镇发展区与城镇开发边界完全对应，但农田保护区和生态保护区则是永久基本农田和生态红线“相对集中”的区域，并不完全对应。在后来的工作中也出现了永久基本农田和生态红线单独划定而只有城镇开发边界在国土空间总体规划中划定的现实。

前文提到，永久基本农田的划定工作与多层级的土地利用总体规划有较好的融合关系，并在国土空间规划体系中得以延续，为不同的精度、异质性留出了可能。而生态红线由于更为“自然”，图斑较为破碎，表达“集中划定的区域”成为自然的选择。而开发边界出于“刚性管控”的需求，在空间规划体系中并没有留出必需的弹性和“逐级深化”的空间。

在国土空间规划中统筹划定落实三条控制线的工作也出现了分化，永久基本农田和生态红线只在最底层规划“划定”，形成了图斑—保护区—集中区的分层概念体系，虽然每层级规划都在关注“红线”，但成果的精度和工作重点不言自明，而开发边界则呈现出层级的错位及表达的同质化。

2 城镇开发边界及其划定研究

2.1 城镇开发边界作用探讨

国内外学者对于开发边界的作用主要存在两种观点：一种认为是城市与乡村的分隔线，防止城市无序蔓延；另一种认为是区分建设用地和非建设用地的边界，与“严控建设占用耕地”有着紧密的因果关系[3]。最终的《若干意见》倾向于前一种，即城市与乡村的分隔线。之所以将城镇开发边界作为城市与乡村的分界线，将乡村建设排除在开发边界之外，是因为乡村建设更多的是服务于农业，是一种非“开发”行为。在建设行为上存在的差别主要体现在：从建设强度来看，城市的强度较大，乡村的建设强度较小，且乡村建设行为对于自然环境处于“低冲击”水平；从景观特征来看，乡村保留了较多的自然要素，而城市以人工构筑物为主；从基础设施来看，乡村多为“分布式”的，甚至给水、

3. 张兵，林永新，刘宛，等．“城市开发边界”政策与国家的空间治理 [J]. 城市规划学刊 ,2014(3):20-27.

燃料直接取自于自然环境，而城市则是高度依赖市政网络；在公共服务上，乡村服务水平较低，仅有基本的教育、医疗、商业设施。但随着社会的发展，城乡交流的加强，这些差别有所分化，加剧了城乡识别的难度。

张兵等指出城市开发边界本质上是一个政策设计过程，是一个综合性的政策工具包。赵民等系统回顾了城镇开发边界的概念缘起，阐述城镇开发边界制度设计与国情的关系，提出应在国土空间规划体系建立和监督实施的条件下，明确其作用与运作策略。

2.2 技术规程及划定方法

2014 年以后，部分省制定了城镇开发边界划定技术规程。《若干意见》发布之后，自然资源部也制定了内部征求意见的《城镇开发边界划定技术规程》，但最终没有正式发布，部分要点纳入了《市级指南》。2020 年 12 月，山东省发布了《山东省城镇开发边界划定技术导则》，这是自然资源部出台《市级指南》以来，地方层面首个公开发布的城镇开发边界划定技术规程，基本延续了自然资源部《城镇开发边界划定技术规程》征求意见稿中的技术思路。

在具体的划定方法研究上，王颖等总结了国内外的定性与定量的划定方法[4]。杭州在城市开发边界划定中分类处置开发边界外的现状建设，细化开发边界外空间保护利用要求，促进开发边界内外功能融合，建立包括制定条例、动态监控、政府考核、社会监督等方式在内的长效管理机制[5]。黄明华等提出，应积极构建具有较强操作意义的、能够同时体现城市远景规模和城市发展阶段性特征的“刚性”与“弹性”有机结合的城市增长边界，通过切实有效的控制技术和管理政策，保护城市重要的自然资源与开敞空间，促进城市的可持续发展[6]。

4. 王颖，顾朝林，李晓江．中外城市增长边界研究进展 [J]. 国际城市规划 ,2014(4):1-11.
5. 张勤．杭州城市开发边界划定与实施的实践探索 [J]. 城市规划 ,2017(3):15-18,76.
6. 黄明华，寇聪慧，屈雯．寻求“刚性”与“弹性”的结合：对城市增长边界的思考 [J]. 规划师 ,2012(3):12-15.

2.3 城乡识别与城区范围标准研究

2.3.1 城乡识别

由于城镇开发边界是城乡的分隔线，城乡识别的工作对于边界划定尤为重要，对于城乡识别的工作，各国标准差异较大，主要有人口规模、人口密度、从业构成等指标，也有考虑景观构成的，较为复杂的如美国以详细的规定对城市的实体范围进行界定。

我国于1955年就发布了《国务院关于城乡划分标准的规定》，此后经多次调整，1999年国家统计局发布的《关于统计上划分城乡的规定（试行）》明确其城乡划分只是具有统计的意义。2006年发布《国家统计局统计上划分城乡工作管理办法》，开始重视与城镇实体地域相结合[7]。宋小冬等进行了上海城乡实体地域的划分研究工作[8]。北京大学联合中国城市规划设计研究院、中国土地勘测规划院于2008年启动国家“十一五”科技支撑计划“城乡边界识别与动态监测关键技术研究”，进一步明确了“统计上划分城乡”和“城镇实体地域”划分的关系、方法等关键技术。

2.3.2 城区范围标准研究

第三次全国国土调查技术规程仅规定了城市（201）、建制镇（202）、村庄（203）的范围按照集中连片的原则划定，并未有进一步的技术规定。为规范可以量化、便于实施的城区划定方法，2019年自然资源部空间规划局组织开展《城区范围确定规程》的编制工作，规程指出实体地域和统计范围共同构成城区范围，并明确规定了城区实体地域的确定方法，并根据城区地理边界的定义，开展城区统计区地理边界划定的方法研究[9]。规程界定了“城镇”的概念，指出“城镇包括城区和镇区”，将“城区”范围确定标准分置，证明了城与镇的不同，镇区不宜也不能简单套用《城区范围确定规程》。

---

7. 冯健，周一星，李伯衡，等．城乡划分与监测 [M]. 北京：科学出版社，2012.
8. 宋小冬，柳朴，周一星．上海市城乡实体地域的划分 [J]. 地理学报，2006(8):787-797.
9.《城市规划学刊》编辑部．“构建统一的国土空间规划技术标准体系：原则、思路和建议”学术笔谈（一）[J]. 城市规划学刊，2020(4):1-10.

专栏

《城区范围确定规程》节选

城区范围 urban built-up area

在市辖区和不设区的市，区、市政府驻地的实际建设连接到的居民委员会所辖区域和其他区域，一般是指实际已开发建设、市政公用设施和公共服务设施基本具备的建成区域范围。

城区实体地域 physical urban built-up area

指城区实际建成的空间范围，是城市实际开发建设、市政公用设施和公共服务设施基本具备的空间地域范围。

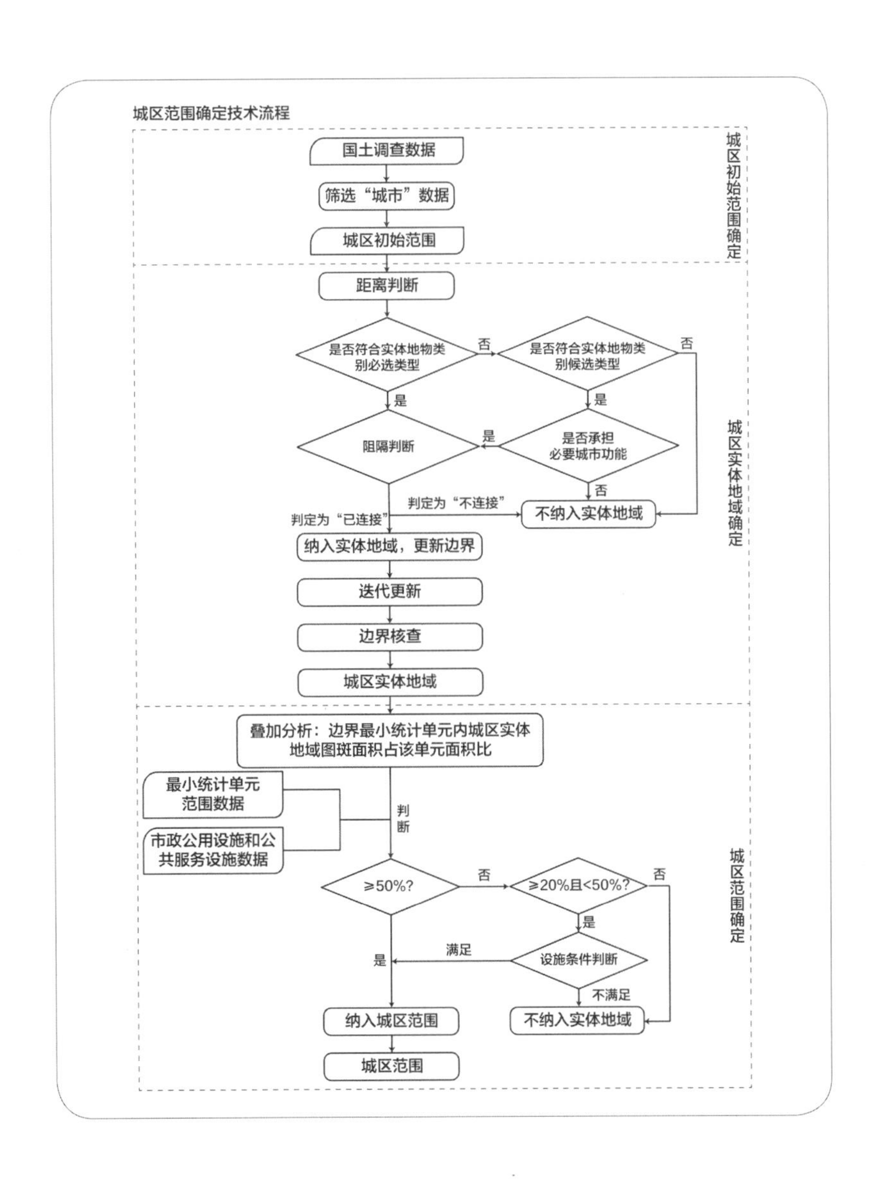

2.4 各级开发边界划定实践中的困惑、博弈

2.4.1 围绕市级开发边界的困惑与博弈

从技术文件来说，市级国土空间规划的编制指南是较为全面的，在此之前还形成了开发边界的划定指南，虽然没有正式公布，但基本成为这一轮国土空间总体规划中开发边界划定的技术指引。

全域规划的创新是从县域规划开始的，目前很多的技术储备都是针对县，而不是市。中央在五个省部署开展“三区三线”划定试点工作，其中的很多具体规定都是针对县级层面的，市县关系成为市级规划的难点。

在市县开发边界关系上，基本采用了“划示—划定”的技术体系，《市级指南》规定：市级总规应划定市辖区城镇开发边界；统筹提出县人民政府所在地镇（街道）、各类开发区的城镇开发边界指导方案。县级总规应依据市级总规的指导方案，划定县域范围内的城镇开发边界，包括县人民政府所在地镇（街道）、其他建制镇、各类开发区等。

《市级指南》指出：按照“自上而下、上下联动”的组织方式，同步推进城镇开发边界划定工作，整合形成城镇开发边界“一张图”。市级开发边界由于拘泥于“划定”，成了县级开发边界的汇总，这是曲解了该文件的指引，“一张图”并不是市级国土空间总体规划的成果，其具有传导性、多级性、结构性的特点[10]，市级开发边界显然应具备这些特点。市级规划的作用贯穿规划编审督全过程：在规划编制过程中，是结构性控制，为县规划框定结构性要素并向下传导；规划审批过程中，是下位规划审批的依据；规划实施过程中，规划制定的政策（规则），是下位规划维护的依据。

在市级规划中，下辖市县规划的“指标”、开发边界的大小成为上下博弈的焦点，出于自身的发展需求，市级规划的“协调”往往主要体现在对于下辖县市的“盘剥”。部分省份由于“省管县”体制，或抑制市对县的“盘剥”，省直接确定县级规划边界的指标，减弱了市级规划的统筹协调作用。由于中心城区规划包含在总体规划内，部分国务院审批的城市，则存在着中央事权与省级事权划分的问题。对此，《市级指南》有明确规定，市级规划划定开发边界

10. 王新哲 . 总图猜想 : 地级市国土空间总体规划总图特点及其应对 [M]// 孙施文 , 朱郁郁 . 理想空间第 87 辑 . 上海 : 同济大学出版社 ,2021.

的范围为市辖区，规避了中心城区的界定对开发边界事权的影响。

2.4.2 围绕省级开发边界的困惑与博弈

2017 年 1 月，中共中央办公厅、国务院办公厅印发《省级空间规划试点方案》。大量研究也关注了省级开发边界的划定，但要求在省域尺度上划定“三区三线”则是技术上难以完成的任务[11]。

2019 年 11 月下发的《关于在国土空间规划中统筹划定落实三条控制线的指导意见》明确了省（自治区、直辖市）级工作是“确定本行政区域内三条控制线总体格局和重点区域，提出下一级划定任务”。所以在省级规划中应当基本不存在划开发边界的任务，但作为编制主管部门的自然资源厅却担负着“指导”市县开发边界划定工作的任务，掌握着省内开发边界的“一张图”，如何区分省级管理与省级规划编制的边界成为工作中的困惑。

城镇规模历来是相关规划的重点，尤其在中央用地紧约束、地方土地财政依赖度依然偏高的情况下，更是成为上下博弈的重点。

地方对于土地的诉求可以细分到“建设用地—城市建设用地—中心城区城市建设用地”，同时由于开发边界内不仅有集中建设区还有特殊政策区，集中建设区内的土地构成也比较复杂，开发边界与用地规模不挂钩成为事实。采用总量控制还是增量控制？全口径还是城镇建设用地？中心城还是所有开发边界？既不能管死又不能失控，如何进行规模管控考验了省级主管部门的智慧。

2.4.3 县级开发边界的划定

县级国土空间总体规划是总体规划的基础层，第三次全国国土调查（简称“三调”）的尺度与精度也基本与县级国土空间总体规划相当，“三线”统筹落实的基础也在县级规划，开发边界的相关技术规定其实是集中在县级尺度中，某种意义上县级开发边界是技术规定最多的层级。正因为县级开发边界是刚性管控的基础，所以产生了“精准”划定的需求，而这方面的标准是欠缺的，也成为上下层级之间“斤斤计较”的重要环节。

---

11. 赵民 . 国土空间规划体系建构的逻辑及运作策略探讨 [J]. 城市规划学刊 ,2019(4):8-15.

从具体实践来看，以下几个方面亟须在市级规划确定后进行优化。

（1）现状认定标准不清。相比于市级城区，县城及其他镇区城镇化水平相对较低，如何判定城区、镇区成为关键问题，《城区范围确定规程》，明确规定了城区实体地域的确定方法，但面对多样性的县城，并不能完全发挥作用，对于“县城”的认定还是以人为的判断为主。

（2）划定尺度不清。《市级指南》规定“单一闭合线围合面积原则上不小于30公顷”，“划入城镇集中建设区的规划城镇建设用地一般应不少于县（区）域规划城镇建设用地总规模的90%”。但在试点省份的“试划规则”中被逐渐淡化，原因是没有配套的管制规则情况下，地方政府担心不划入以后“没法用”，省级主管部门担心开发边界外零星用地过多会“没法管”，“应划尽划”成为规划管理、编制部门的选择，造成了开发边界的破碎。

（3）镇级边界复杂多样。《市级指南》规定：县级总规应依据市级总规的指导方案，划定县域范围内的城镇开发边界，包括县人民政府所在地镇（街道）、其他建制镇、各类开发区等。据此规定，县级规划应当划定县域内所有镇区的开发边界，而镇区的开发边界更具复杂性。

3 城和镇建设用地的差异性

3.1 城市建设用地与镇建设用地的差别

日常工作中经常会提到“城镇建设用地”，似乎应该是“城+镇”建设用地，但这两类用地不尽相同。国标《城市用地分类与规划建设用地标准》（1990年，已废止，后续更新的规范继续沿用这一规定）对城市建设用地的定义范围为“城市和县人民政府所在地镇内的”，并未包含一般镇区。《镇规划标准》规定了镇用地的分类和代号，未区分建设用地和非建设用地。严格来讲并不存在“城镇建设用地”的“统称”。土地利用总体规划编制规程中规定了土地用途分类，在“建设用地”下设“城镇用地”三级类，指“城市、建制镇居民点”，与习惯认知中的“城镇建设用地”也不尽相同。

1990年《城镇国有土地使用权出让和转让暂行条例》规定了城镇国有土地使用权出让、转让制度，城镇国有土地成了城市开发的重要载体。城市建设用地属于国有，但镇建设用地不一定是国有用地。《土地管理法》明确规定城市市区的土地属于国家所有。农村和城市郊区的土地，除由法律规定属于国家所有的以外，属于农民集体所有。1998 年修改的《土地管理法》规定，兴办乡镇企业和村民建设住宅、乡（镇）村公共设施和公益事业建设可以使用农民集体所有的土地。集体建设用地的建设主体及功能均受到限制，其中与城市区别最为明显的是住宅，其产权由乡镇政府发证书的叫小产权或乡产权，并不构成真正法律意义上的产权。从城市建设用地扩展到城镇建设用地并不只是范围的扩大，其内涵发生了较大的变化，但大多数人甚至管理部门仍将城镇建设用地等同于城市建设用地，这种“统称”并不严谨。

2020 年施行的《土地管理法》允许集体经营性建设用地可以不经过征用直接上市，建设主体也不限于集体成员，城市建设用地与镇建设用地的管理政策差别在减少，才使得这种“统称”具备了一定的合理性。

3.2 乡村建设行为的城镇化改变了城乡的分界

3.2.1 农村（民）新型社区改变了乡村的建设强度

农村（民）新型社区是新农村建设中出现的新类型。早期的农村（民）新型社区建设强度不大，多采用带院落的两层建筑，在景观风貌上延续了乡村特色，但近年来农村（民）新型社区建设强度逐渐提高，基本采用城市多层居住区形态，甚至部分拆迁安置的农村社区采用了以高层为主的建筑形式（图 6-1）。珠江三角洲的很多农村自建房容积率已经超过 3，形成了一种独特的高密度居住形态。2013 年山东省印发的《农村新型社区纳入城镇化管理标准（试行）》提出在人口、非农业从业人员比例、基础设施、公共服务、经济发展、社会保障、社区管理等方面符合标准的，经县（市、区）人民政府或设区市统计部门认定，纳入城镇化管理。

3.2.2 乡村非农产业发展改变了乡村的建设类型

传统的城乡关系中，乡村产业主要是农牧渔业，改革开放以来，农村非农化的发展在经济中扮演了重要的角色。工业是较早出现的类型，虽然随着乡村工业的弊端逐渐显现，无序发展一定程度上得到遏制，但在集体建设用地上进行产业开发并没有停止。各地通过产业准入、污染防控减少其负面影响，在空间方面主要措施就是产业进园区，独立或毗邻镇区的产业园成为乡村工业和镇区建设的主要空间。

图 6-1 新农村社区建设规划示例
资料来源：上图作者自绘，下图作者自摄于 2019 年 11 月

近年来随着农村一二三产业的融合发展，农产品的流通、农村休闲观光旅游、电子商务等业态不断发展。以“农家乐”“乡村民宿”为例，经过多次升级、换代，其建设水平、规模、强度已接近甚至超越城市建设用地的开发，呈现出“城市化”的特征。

3.2.3 集体建设用地入市破除了城乡土地价值的壁垒

党的十八届三中全会通过的《中共中央关于全面深化改革若干重大问题的决定》提出要“建立城乡统一的建设用地市场”。2014年中央深化改革领导小组通过了《关于农村土地征收、集体经营性建设用地入市、宅基地制度改革试点工作的意见》，并于2015年开始在全国33个地区开展试点。试点意见中将集体经营性建设用地限定为存量用地，但2020年施行的《土地管理法》没有强调“存量”二字，表述为“土地利用总体规划、城乡规划确定为工业、商业等经营性用途，并经依法登记的集体经营性建设用地”，这为增量集体经营性建设用地入市提供了政策窗口。集体经营性建设用地将成为乡镇规划的重要内容。有专家保守估计全国农村集体经营性建设用地存量规模当在5000万亩以上，平均每个乡镇的规模约为1500亩，基本与我国乡镇驻地平均建设用地规模相当。[12] 这是一个不容忽视的规模，在城镇建设用地约束的大背景下，增加新的农村经营性建设用地成为地方政府的必然选择。同时由于可以直接上市交易，其价值得到提升，开发强度必然提高，成为影响城乡用地形态的重要因素。城镇开发边界的划定不应忽视其存在。

3.2.4 公共服务均等化减少了城乡差距

公共服务的差异是城乡的主要差别，《城区范围确定规程》把市政公用设施和公共服务设施条件作为划分城乡的重要标准，同时满足5类市政公用设施功能条件和3类公共服务设施功能条件的地区划分为城区。但城乡基本服务均等化是我国现阶段的一项重要工作，道路、水、电、环卫、文化、教育、卫生等已经成为满足民生的“基本需求”，如果按此标准，规划的所有人居区域都

12. 王明田. 集体经营性建设用地入市对乡镇国土空间规划的影响 [J]. 小城镇建设 ,2020(2):5-9,24.

应该划为“城区”，所以参照现状划定依据进行规划条件的界定也是不合适的。

3.3 镇开发边界划定工作的迷茫

3.3.1 镇区形态的多样性

城乡交界地带是城乡识别、划分的难点地区，呈现出明显的半城市化特征（peri-urbanization)。半城市化是城乡联系加强和城乡边界模糊背景下，城乡职能与城乡景观混杂交错的地域类型，产权学派认为半城市化地区的城乡二元土地制度是土地利用特征背后的深层原因[13]。

另外，由于历史原因，镇区亦会出现组团式的特征，比较典型的是撤并镇，被撤的镇虽然降为村，但仍表现出明显的镇区特征，独立建设的工业区、新农村社区或新镇区也会形成新的片区，一些独特的资源如历史文化名村、风景旅游区等也会形成准城镇的开发片区（表 6-1、表 6-2）。

表 6-1 按用地分类的镇区形态

类型	单一镇区	组团镇区（含撤并镇）	有独立于镇区之外的工矿区、居民点、公共设施等
空间形态示意	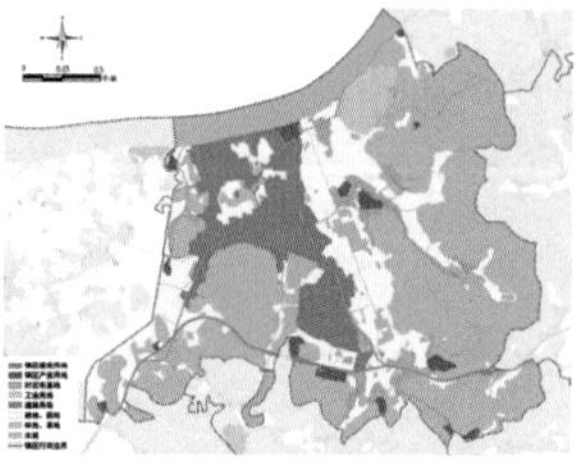	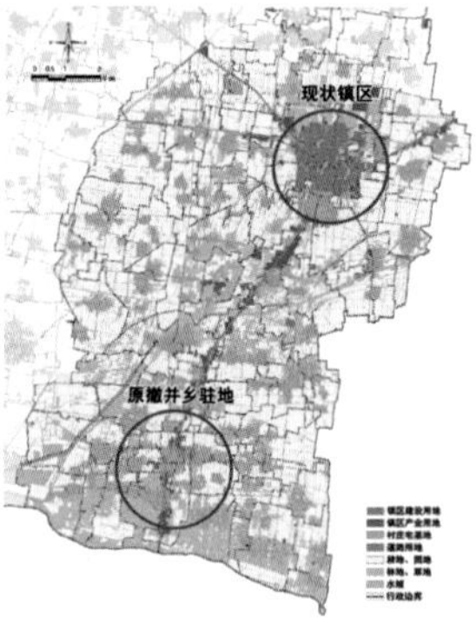	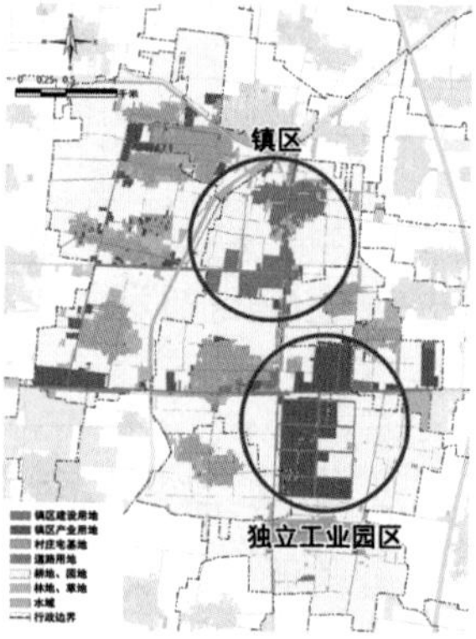

13. 田莉，戈壁青 . 转型经济中的半城市化地区土地利用特征和形成机制研究 [J]. 城市规划学刊 ,2011(3):66-73.

表 6-2 按镇村关系分类的镇区形态

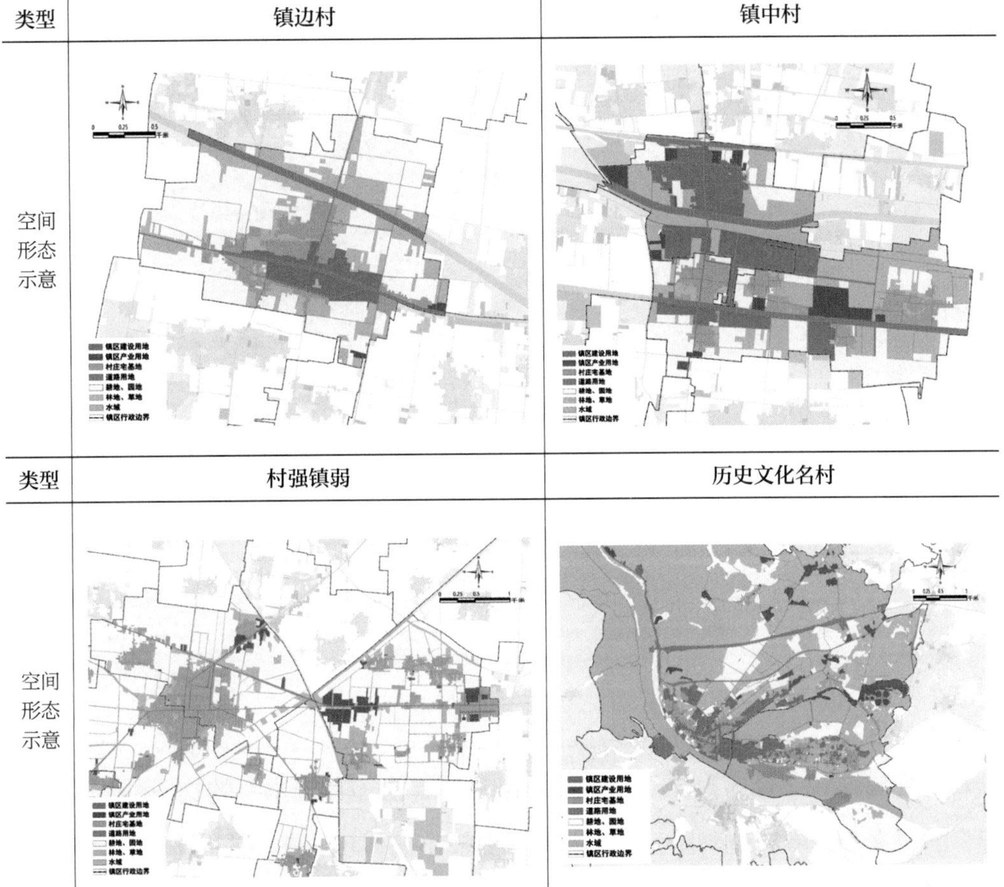

3.3.2 镇区现状边界界定缺乏统一规则

镇区现状边界的界定一般采用“三调”中的“202”用地。“三调”有较为清晰的规则，先是确定“初始边界”，然后参照年度土地变更调查、地籍调查数据、农用地转用等资料作为参照，结合高分辨率影像特征划定。为了加强规则的严肃性，减少作业人员的自由裁量，“初始边界”往往采用“二调”的范围。于是“二调”的质量直接影响了“三调”的准确性，特别是一些在“二调”后由乡转制的城镇，由于缺少“二调”的认定，造成了镇区面积偏小的现象（图 6-2）。同时，“三调”中往往以镇驻地为中心，忽略了外围的建设用地。这一现象在撤并镇中较为明显，撤并后的原镇区虽然具有明显的城镇特征，但往往被“降级”为村庄。

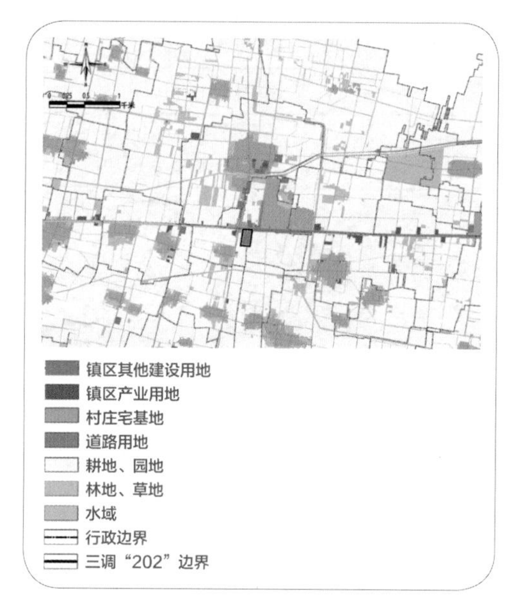

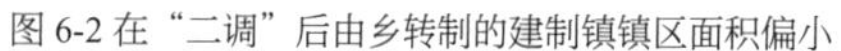
图 6-2 在“二调”后由乡转制的建制镇镇区面积偏小

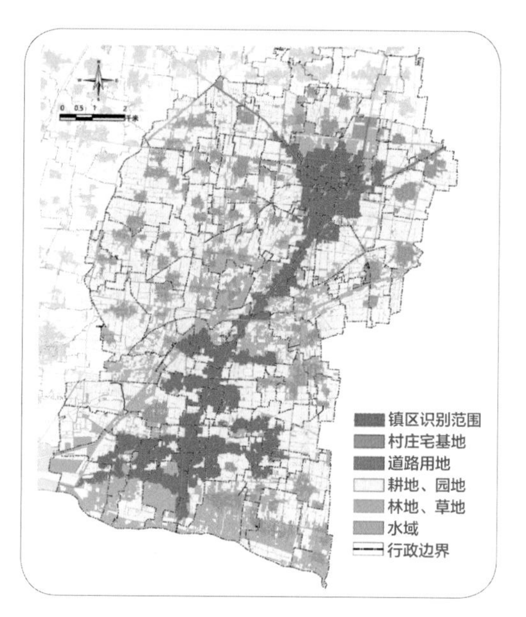

图 6-3 城区识别标准在镇区的不适用性

《城区范围确定规程》为镇区范围识别提供了一定的思路，但其具体工作流程不能直接用于镇区划定，比如向外扩展时，由于其低水平的均质性，用“连接”的要素去判断较难判断。另外，由于其较小的体量，在《城区范围确定规程》中的城中村、城边村的处理原则应用于镇区时，其比例会大大超出其在城区的比例（图 6-3）。

3.3.3 县级总体规划确定的镇开发边界“失效”

按照《市级指南》，县级国土空间总体规划应该“划定县域范围内的城镇开发边界，包括县人民政府所在地镇（街道）、其他建制镇、各类开发区等”，但在工作中经常出现镇开发边界“失效”的问题，主要体现在以下方面：

新增建设用地指标有限的情况下，县级规划往往向中心城区或县城倾斜，一般镇的发展空间受到挤压，基本接近于现状规模，镇区现状界定的问题会暴露，同时造成各镇在发展前景上的不公平，规划科学性受到质疑。

《市级指南》将市域建设用地总面积、市域城乡建设用地总面积作为约束性指标，但在具体控制中，各地的控制方法稍有差异，地方往往采取相应的“应对”措施，直接影响城镇的空间结构。虽然在建设用地指标下达中并未区分城、镇、乡建设用地指标，但一般均尽量保障城镇开发的需求。某省采用增量指标的方法，“做大”现状镇区自然成了地方规划的选择，大量不应纳入镇区的宅基地被算作镇区；某省采用总量指标的方法，“做小”现状镇区被普遍采用（图 6-4）。

集体经营性建设用地大量位于乡村地区，并未有统一的规则要求划入镇区或计入镇建设用地规模，事实上大量集体经营性建设用地的性质就是村庄用地（203），新的《国土空间调查、规划、用途管制用地用海分类指南》也未区分城、镇、村的用地。镇开发边界外的乡村成为突破上位规划的“工具”（图 6-5）。

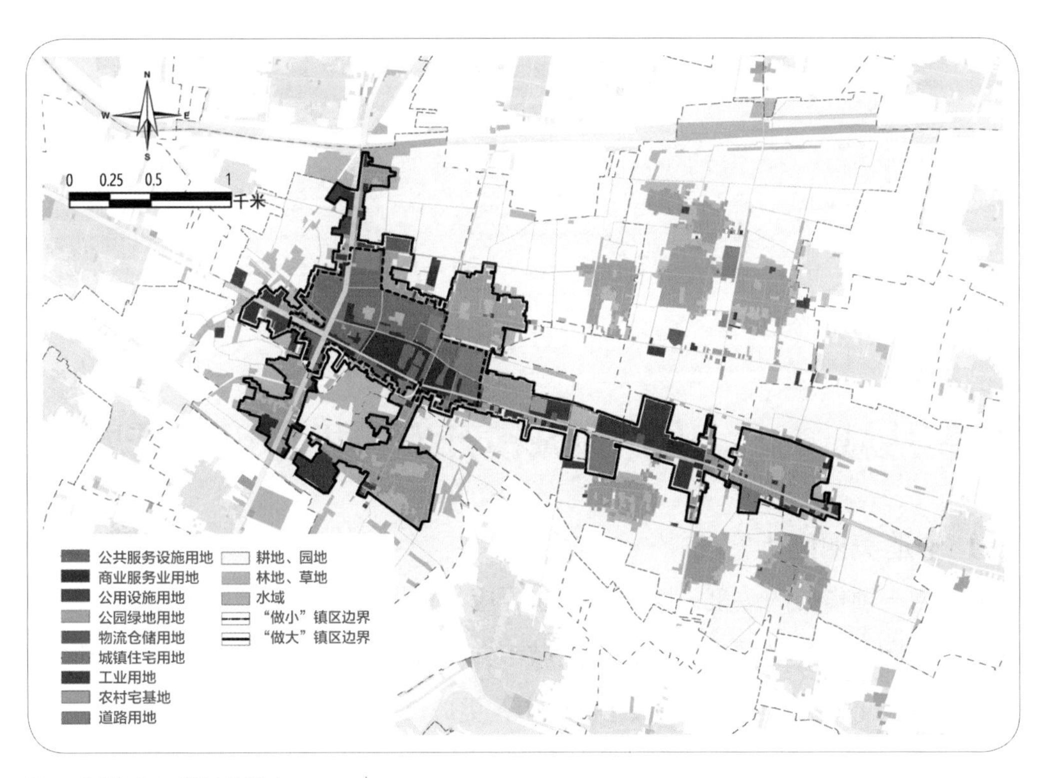

图 6-4 选择性放大或缩小的镇区

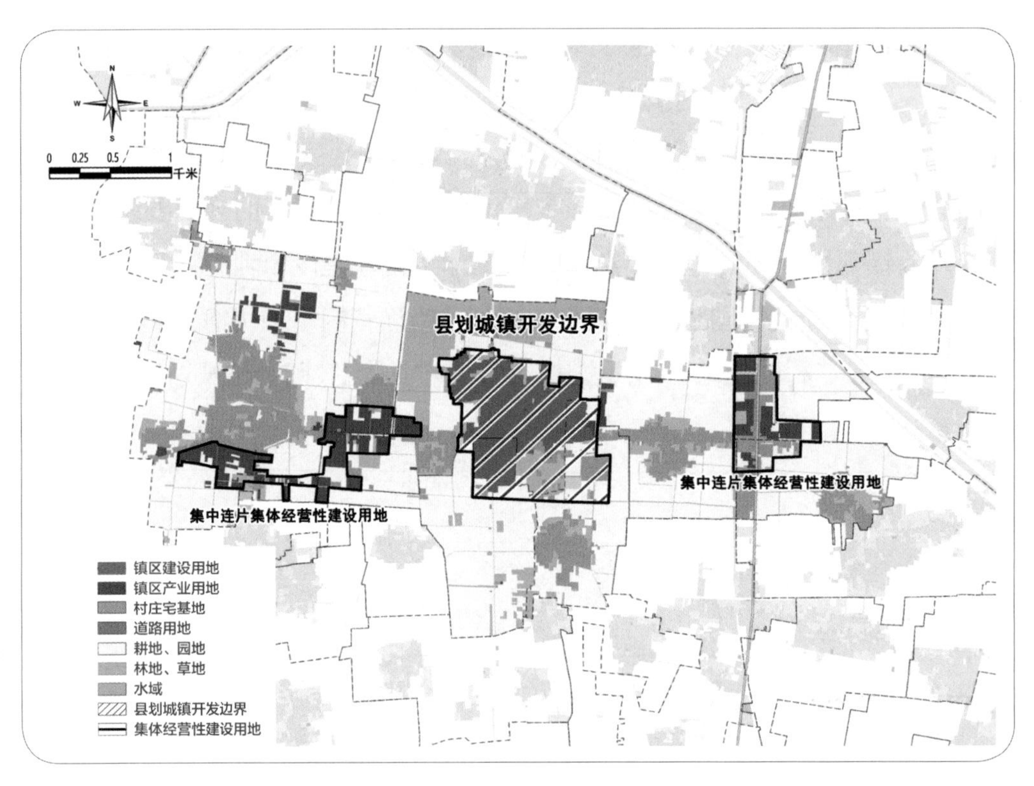

图 6-5 镇区外围的“乡村”

4 从城市开发边界到城镇开发边界作用的扩展

4.1 塑造美丽国土空间

作为一项重要的政策，城镇开发边界应从早期单纯地控制城市蔓延、保护耕地，转向兼有控制城市扩张、促进城市转型发展、主动塑造美丽国土空间的综合作用[14]。美丽国土空间不仅包括城市，更应该面向更加广袤的自然空间，而散布于这些空间之中的小城镇，对于国土空间的品质具有较大的影响作用。

县级规划是国土空间总体规划的“底”[15]。县规划中统筹划定的全域城镇开发边界与另外两条重要的控制线共同构成了国土空间的基本格局，如果市开发边界重在“限定”和“控制”，那么相对尺度较小，但分布广泛且与自然、农业空间充分交融的镇开发边界将主要发挥“引导”和“塑造”的作用。

14. 张兵，林永新，刘宛，等．城镇开发边界与国家空间治理：划定城镇开发边界的思想基础 [J]. 城市规划学刊，2018(4):16-23.
15. 王新哲，钱慧，刘振宇．治理视角下县级国土空间总体规划定位研究 [J]. 城市规划学刊，2020(3):65-72.

4.2 土地发展权的许可

林坚等指出空间规划的实质性问题是土地发展权，我国存在两级土地发展权体系：一级土地发展权隐含在上级政府对下级区域的建设许可中，二级土地发展权隐含在政府对建设项目、用地的规划许可中[16]。城镇开发边界可以视为中央政府对于土地一级发展权的授权，开发边界内除特殊区域需要保留保护、弹性区域需要进一步许可外，是可以进行开发的；开发边界外也有建设用地，但除“点状”用地外，仅有有限的土地发展权。

新的土地管理法规定的集体经营性建设用地的开发主体不只限于集体成员，建设类型也突破了乡镇企业、村民住宅、公共设施和公益事业。总体规划所确定的集体经营性建设用地也是一种土地发展权的授权。官方披露的数据显示，“三块地”试点地区每亩集体经营性建设用地的平均入市价格约为 110 万元[17]。这个数字已接近甚至超过很多一般县城的国有土地基准价格，应视为一级土地发展权并由中央政府管控。

4.3 规划传导的重要工具

虽然包括城镇开发边界在内的“三条红线”是在国土空间总体规划中统筹划定的，但从当下的生态红线和永久基本农田划定工作中就可以看出，其政策作用应部分独立于国土空间总体规划。

城市较为复杂，城区内部的控制往往成为上级关注的主要内容，所以开发边界和用地的控制往往是一体的。而镇相对较为简单，除少量重点镇、具有特殊价值的如历史文化名镇以外，上级关注的事权往往只有边界与规模的控制，所以在镇规划中边界与用地是可以适当分离的。从相关编制指南中可以看出，县人民政府所在地镇（街道）、各类开发区要接受市级规划的“指导”，镇开发边界则是在县级总规中划定。如果说美国的城镇增长边界的本质是以公权力来限制私人权利，我国的城镇开发边界划定和监督实施则主要是为了制约地方政府的开发冲动[18]。

---

16. 林坚，许超诣. 土地发展权、空间管制与规划协同 [J]. 城市规划，2014,38(1):26-34.
17. 叶开. 农村三块地改革试点今年大考 农地入市每亩均价百万 [N]. 第一财经日报，2017-06-12.
18. 赵民，程遥，潘海霞. 论“城镇开发边界”的概念与运作策略：国土空间规划体系下的再探讨 [J]. 城市规划，2019(11):31-36.

5 从城开发边界到镇开发边界作用与方法的嬗变

5.1 定位：从“控形态”到“管行为”

从前文分析可以看出，城镇开发边界无论是在国外，还是在国内城市的试点以及目前正在开展的市县国土空间规划中，均是针对单个城镇的，是对其形态的一种控制。但在规划城区以外的建设活动中，大量准城镇开发，甚至是城镇开发被冠以乡村建设之名，部分化解了城镇开发边界的约束作用。无论是20世纪末珠三角地区的农村集体工业园区，还是环首都的小产权房，或者广大中心城市周边的“村庄”建设，无不是在规划城、镇区以外进行的城镇开发。所以要严格界定城镇与乡村建设行为，城镇开发边界将可能也应该承担起城镇建设行为许可线的任务。

未来城镇建设用地的紧约束将成为常态，去乡村地区谋求发展空间将成为地方政府、开发企业的可能选择，在最基层的镇级总体规划中及时调整、丰富镇开发边界的内涵，对建设行为加以约束，才能实现“美丽国土”的愿景。

5.2 目标：从“集约度”到“紧凑度”

划定城镇开发边界是为了提高城镇开发的集约度。在城区中，虽然有少量“城中村”，但绝大多数用地都已成为或规划成为城市建设用地。但在镇域层面就不同，按照目前的政策，通过乡村规划，在村庄建设用地上建设乡村产业项目、新农村社区、旅游综合体等，会造成用地的破碎。部分地区较早发现了这个问题，提出“三集中”等措施，促进工业企业向园区集中、农民居住向新型社区集中，提高了建设用地的紧凑度。

2020年，中央一号文件提出“破解乡村发展用地难题”，县乡级国土空间规划应安排不少于10%的建设用地指标，重点保障乡村产业发展用地。如何统筹安排乡村产业发展用地，成为县、镇规划不可回避的问题，也成为划定城镇开发边界的难点与重点。事实上不少乡镇已经注意到这些问题，通过划定镇级工业园区，将分散的乡村产业适当聚集，提高镇级开发空间的集约度（图6-6）。

相关管理部门关注到这类问题，2021年自然资源部、国家发改委、农业农村部联合印发的《关于保障和规范农村一二三产业融合发展用地的通知》要求规模较大、工业化程度高、分散布局配套设施成本高的产业项目要进产业园区；

具有一定规模的农产品加工要向县城或有条件的乡镇城镇开发边界内集聚。

5.3 对象：从“划重点”到“全覆盖”

《市级指南》规定市级总规应划定市辖区城镇开发边界；县级总规应划定县域范围内的城镇开发边界。简单说就是市级总规定市辖区的城镇开发边界、县级总规定县域的开发边界。自上而下是一个“划重点”的过程，县级总规承担一个“兜底”的任务。

对于县级总规的层级，普遍认为仿照市级总规形成市（县）域和中心城（县城）两个层级，进一步将县级规划中的其他乡镇下沉到镇级规划，这与县级政府承担的空间管制任务是不相符的。县级国土空间总体规划就应该是县域总体规划，这是符合县域治理的导向的。

划定县域全部的城镇开发边界将成为县级国土空间总体规划的重要任务。需要“全覆盖”地划定需要管控的地域，在《城区范围确定规程》中规定的确定的流程图是建立在“连接”判定基础上的工作逻辑，核查相关区域其是否符合城区标准，在其中以“虚框”的形式规定了“城区最小统计单元”的判定流程，

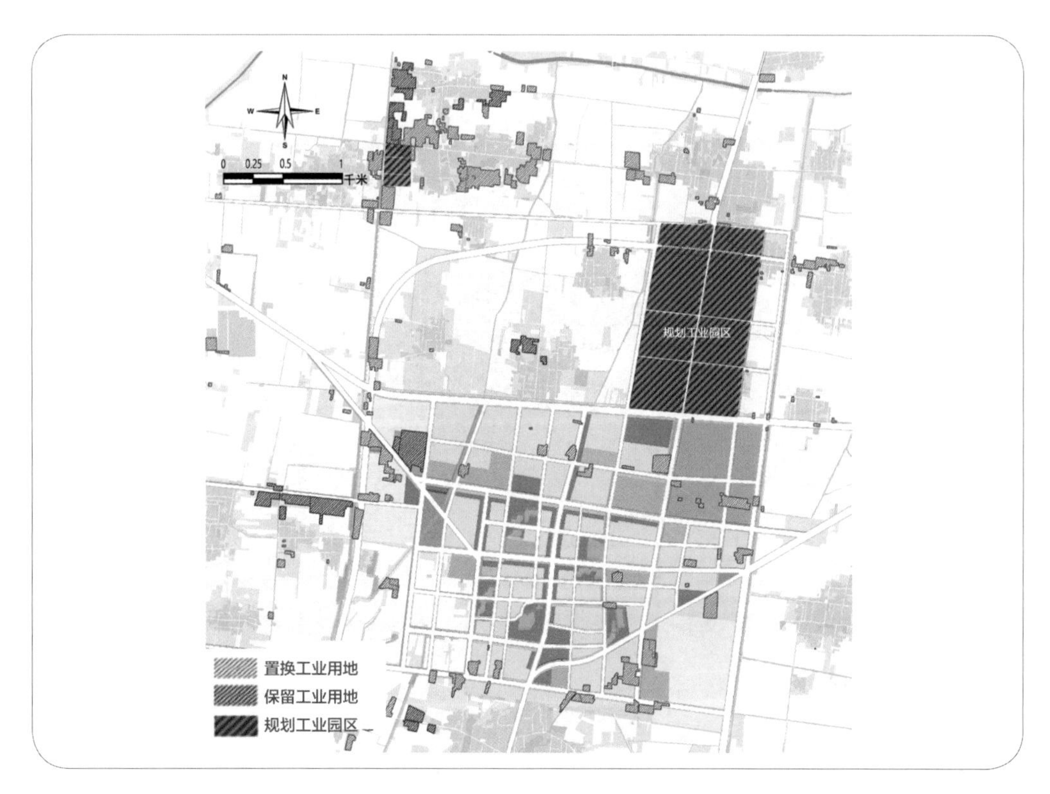

图 6-6 村办工业入园示意

在工作中自然会被忽视或省略，但在镇开发边界的划定工作中，这种普查式的流程成了主角。

5.4 方法：从“紧约束”到“赋弹性”

本轮国土空间规划普遍采用了用地指标的紧约束，这是符合我国当前的发展趋势的。但从规模控制来说，存在着操作的难点。

一方面从前文分析和案例来看，应划入镇开发边界内的建设用地除了城镇建设用地，还有大量非城镇建设用地，这些用地如果不经过成片征收，将长时期保持集体建设用地的性质，而这部分用地与城镇建设用地的比例在不同的城镇差异较大，无法统一规定，只能因地制宜。

另一方面由于集体经营性建设用地入市的政策，未来城、镇将趋于分化：镇区将主要用来吸纳、积聚镇域内集体建设用地的开发。自然资源部国土空间用途管制司负责人 2021 年 2 月在对《关于保障和规范农村一二三产业融合发展用地的通知》的解读中指出：通过城乡建设用地增减挂钩等政策，在规划确定的乡镇、村庄之间，实行村村挂钩、村镇挂钩，在更大的尺度上，对农村宅基地、产业用地、公益事业和公共设施用地等的布局和规模进行调整优化[19]。与城市边

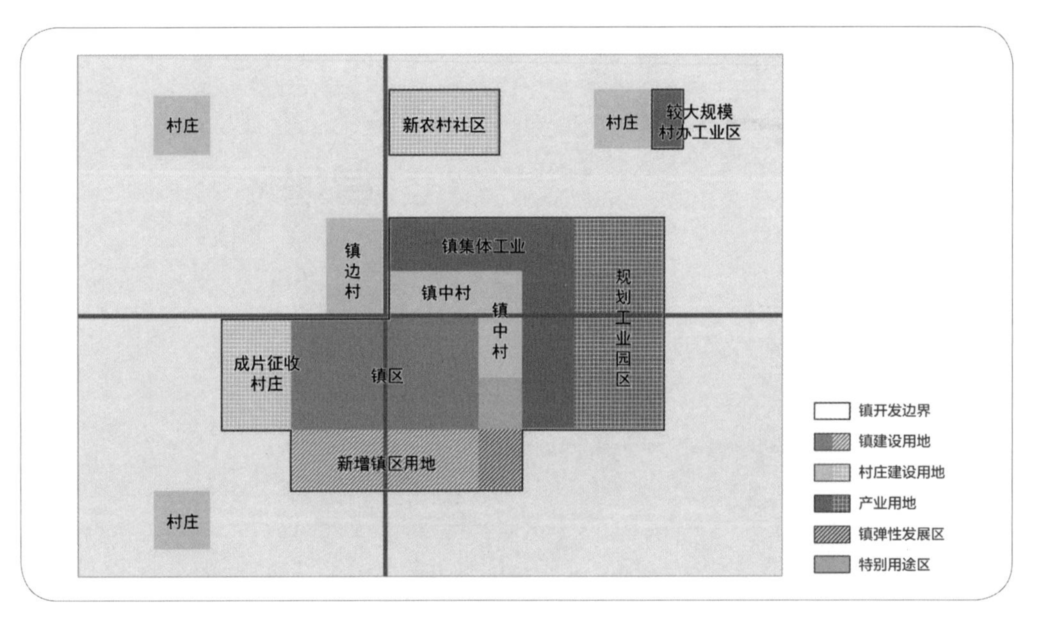

图 6-7 镇开发边界模式图

19. 朱彧，沙玛建峰．自然资源部国土空间用途管制司负责人解读农村产业融合发展用地政策 [EB/OL].[2021-02-15]. https://mp.weixin.qq.com/s/qJPGdGZ_PNxC1uq-kkSZvA.

界的“排斥”不同，镇边界要有足够的容量去“吸纳”镇域内的城镇建设开发行为，而这些开发还存在着极大的不确定性，应该留有足够的弹性。这个弹性的空间与市开发边界内特别留出的弹性用地不同，应根据镇域内经营性建设用地的“流量”，适当放大各功能区的规模（图 6-7）。

6 结语

“横向到边、纵向到底”是国土空间规划体系的特征，不“到底”造成的城镇开发失控，不“到边”造成的城镇建设失序都会影响其作用的发挥。而在分级管控、逐级深化的过程中，一方面县、镇国土空间总体规划的重点应该是“域”的控制，另一方面随着级别的降低、规模的减少，城乡的边界在模糊、复杂化。关注城、镇开发边界的差异化，在县、镇级国土空间总体规划中丰富、完善镇开发边界的相关作用与技术规定将是相关规划研究不可回避的问题。

开发边界的目的是优格局、控形态、定边界、促集聚，而这不是一个层级的规划所能实现的，虽然最终的开发行为的管控都以县级规划所确定的边界线为主，但各层级政府关注的重点是不同的（图 6-8、表 6-3），下位政府的规划编制行为依据的是本级的规划。

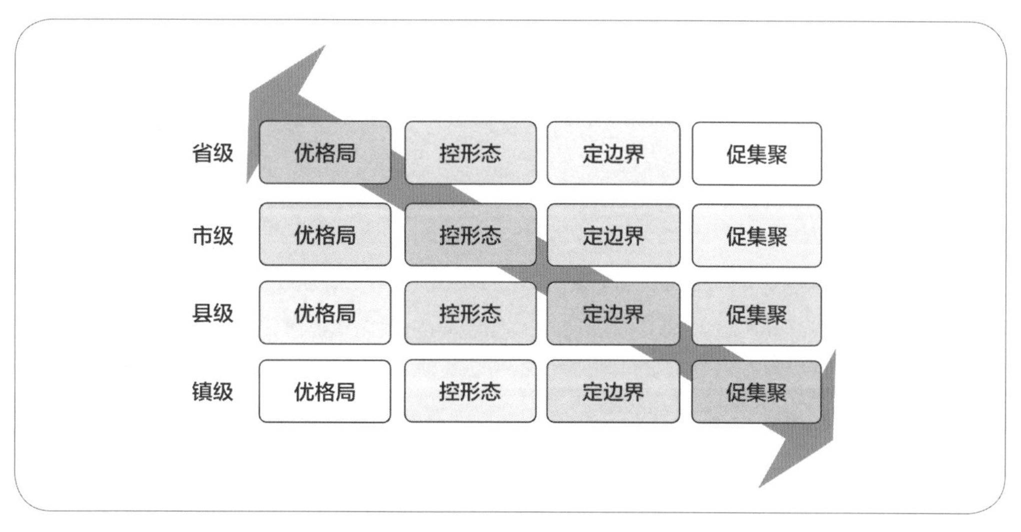

图 6-8 各级开发边界作用的分异

表 6-3 各级开发边界作用的分异

	难点	重点	博弈点	作用	分异
省级	格局控制	资源配置	建设用地指标	立规则	格局点
市级	统筹县区	空间形态	城区与县区的关系	控形态	形态面
县级	镇区划定	城乡统筹	现状认定	定边界	管控线
乡镇	分辨城乡	建设行为	乡村经营性用地	管行为	落地图

第3篇

总体规划表达技术

第7章

总体规划中的弹性机制：刚性约束、规制缓和、机制保障[1]

规划的刚性与弹性是对立统一的：弹性规划是科学性的体现，是规划严肃性的稳定剂，是刚性内容有效实施的保证。在国土空间规划改革中，如何在强调刚性的同时，采用更为弹性的方式，又能保证空间规划的科学性和严肃性，是亟须探讨的重要课题。在国土空间总体规划中应为刚性管控建立弹性的机制：在制定中建立弹性思维与机制；在成果中准确表达弹性的内容；在实施中通过规制的补充使得弹性调整制度化。空间规划的思维应从“工程蓝图”的思维走向引导、规制、包容的“格局框架式”的思维，而规划的理性内核也应从“工具理性”修正为“有限理性”。

国土空间规划的各项文件中多次强调规划严肃性，目标是通过机构改革、法治建设、机制重建等多种手段进行规划体系改革，以避免规划内容重叠冲突、朝令夕改。规划刚性是本轮国土空间规划的重点，亦是共识，但过于强调规划刚性可能造成了实践中的空间规划往往越做越细，越做越刚。由于现实的复杂性，在实施的时候应根据实际情况进行适应性调整，同时有些问题本身就是“多解”的，需要为未来提供更多可能性。

1. 本文部分内容引自：王新哲，薛皓颖．市县国土空间总体规划中的弹性机制：以城镇开发边界为例 [M]// 彭震伟．国土空间规划：理论与前沿．上海：同济大学出版社，2023. 有扩充、修改。

1 规划工作中的刚性与弹性

1.1 城市总体规划的刚性与弹性

城市总体规划是“从宏观层面上引导城市发展建设的具有全局性、综合性和战略性的规划”，通过总体规划—详细规划的传导、规划许可制度以及大量技术审查的环节，在很长时期通过“人治”，城市总体规划的刚性与弹性得到了较好的落实。

然而，随着经济快速的发展，特别是地方政府的强力干预，城市总体规划屡屡被突破，以国发〔2002〕13 号文件《关于加强城乡规划监督管理的通知》为标志，强化城乡规划的严肃性，发挥其对城乡建设的引导和调控作用成为改革的重要导向。作为落实，建设部发布了《城市规划强制性内容暂行规定》，随后强制性内容被纳入了 2006 年实施的《城市规划编制办法》。2008 年实施的《城乡规划法》进一步强调了城市规划中的强制性内容，随后的多规合一的工作又为加强总体规划的刚性提供了技术支撑。

规划刚性最终落脚于法律法规对规划行政的控制，减少自由裁量权限，避免多规冲突、反复修改等带来的权力滥用和腐败问题。但同时也带来了担心“一点突破，全盘否定”现象，以至于造成了城市总体规划编制时间超长、主管部门不敢批复的问题。

1.2 土地利用总体规划中的刚性与弹性

土地利用总体规划是基于刚性管控所设立的规划，带有一定计划经济色彩，通常利用各项土地指标实现土地开发的有效管控，管理逻辑清晰，规划控制较为刚性。一方面，土地利用总体规划约束较为理性，相较于城市总体规划必然弹性不足，存在大量指标无法落实的情况，需要反思借鉴；另一方面，由于土地利用总体规划更为明晰，随着土地管理者弹性意识的加强，纳入土规体系中的各类弹性指标、弹性内容的设定，在明确的规则之下有序运行，其弹性内容的有效性又是值得借鉴的。

以耕地为例，耕地保有量指标是土地利用总体规划的主要管控指标之一，但在规划实施初期其管控常常都因弹性不足而失效。因此陆续引入了弹性的规制缓和手段，从硬性的耕地保有量指标，到耕地总量动态平衡，并出台了“置换指标”“折抵指标”“周转指标”等各类名目许可一些弹性的需求[2]。

发展至今，土地总规在弹性内容的设定方面也形成了固定且成熟的做法。农业用地方面，对基本农田保护区等强调管理控制的刚性，预留储备区作为基本农田调整的可协调区域；对一般耕地，由于耕作条件的变化，在土地用途上给予了市场适当的发展选择权。建设用地方面，对城乡建设用地和全口径建设用地采用约束性指标，而对城镇建设用地采用预期性指标，同时采用指标留白、用地留白（有条件建设区）等方式应对城镇建设的不确定性。土规中弹性内容虽然不多，但其运作条件在法规中均有明确规定，弹性指标自上而下传导，通常由上位政府保留，经审批按项目发放，其清晰的管理逻辑亦是空间规划应当借鉴的。

1.3 控制性详细规划中的刚性与弹性

控制性详细规划是中国规划体系的创新，为解决修建性详细规划的不适应问题，控制该控制的内容，结合国外的区划制度创设了控制性详细规划。相较而言，控制性详细规划实施的刚性管控作用更强，然而由于控制性详细规划在创设之初就是为了适应建设的不确定性，有所为有所不为，所以控规中的弹性规划研究和弹性实践胜于城市总规，反映了规划中刚性与弹性相辅相成的道理。控规的弹性策略包括制定通则、特殊情况下的调整可能性、指标的区间控制、动态组织规划等[3]，弹性策略为提升规划适用性而制定，其对象是丰富多变的空间和建设行为，这些弹性规划手段在上海、深圳、成都等城市均有良好的实践。

1.4 法律中的刚性与弹性

即便是非常严肃的法律，也有弹性的机制。以自由裁量权为例，自由裁量权是国家赋予行政机关在法律法规规定的幅度和范围内所享有的一定选择余地的处置权力，它是行政权力的重要组成部分，以应对法律法规无法囊括抑或需要进一步裁量的情景，在社会复杂性和多变性之下，是提升行政效率，提升行政决定准确度的重要手段。

---

2. 郑振源 . 土地利用总体规划的改革 [J]. 中国土地科学 ,2004(4):14-19.
3. 刘堃，仝德，金珊，等 . 韧性规划·区间控制·动态组织：深圳市弹性规划经验总结与方法提炼 [J]. 规划师 ,2012(5):36-41.

没有人会因为弹性机制的存在质疑法律的严肃性，那是由于法律中的弹性受到刚性规则的制约，通常地，弹性机制一方面受到相关法律的权力约束，另一方面通过严谨的程序实现监管。在世界各国，自由裁量权均受到司法审查的制约，1989 年通过的《中华人民共和国行政诉讼法》为法院对行政自由裁量权进行司法审查提供了法律依据，将滥用职权等问题纳入司法审查内容。同时，严格的行政执法流程规定，公开透明的监管环境，可以有效保障自由裁量的程序正义，正如法学家谷口安平所说的“程序正义是实体正义的本源，审判结果正确与否并不是以某种外在的客观的标准加以衡量，充实和重视程序本身以保证结果能够得到接受则是其共同的精神实质”。

弹性机制保证了规则的准确高效运行，规则和程序又框定了弹性的合理范畴，空间规划作为我国的法定规划，其运行逻辑亦是如此，弹性与刚性互为保障，互相优化，共同推动规划的法治化过程。

2 国土空间规划编制需要弹性

2.1 弹性规划是科学性的体现

社会是一个极其复杂的生命体，任何规划都无法准确预测未来的走向，留有弹性本身就是科学性的体现。较多的文献从规划的有限理性[4]、中国城乡快速发展下实践与理论的偏差[5]等方面进行了论述。城镇开发边界或城市增长边界的政策工具作用得到大多数学者的认可。城镇开发边界需要刚性与弹性机制，合理的评估调整机制，大量学者在刚性原则的基础上，对管控边界的弹性应用机制提出了创新思考。

当下规划的技术有了长足的进展，社会发展进入相对稳定的“新常态”，不确定性在减少，空间规划的管控方式也在改变。以“城镇开发边界”为例，经历了“终极蓝图”—“弹性边界”—“管控底线”的演变过程，城市开发边界本质上是一个政策设计过程，是一个综合性的政策工具包。[6]作为政策工具，

4. 曹康，王晖 . 从工具理性到交往理性：现代城市规划思想内核与理论的变迁 [J]. 城市规划 ,2009(9):44-51.
5. 杨保军 . 直面现实的变革之途：探讨近期建设规划的理论与实践意义 [J]. 城市规划 ,2003(3):5-9.
6. 张兵，林永新，刘宛，等 .“城市开发边界”政策与国家的空间治理 [J]. 城市规划学刊 ,2014(3):20-27.

应该有其相应的配套机制，弹性机制是其重要的、不可或缺的内容。

2.2 弹性规划是规划严肃性的稳定剂

国土空间规划与传统总体规划在契约方式上不同，国土空间规划事前约定的控制权变强，城市发展的不确定性仍然存在，但是调整的成本变高。而通过弹性规划方法，可以使规划适应不确定和多变情境，大幅减少不必要的调整，使规划更具有韧性也更为稳定，规划的公信力和严肃性因此得到保障。

弹性规则往往是刚性内容的补充，可以为刚性内容提供规制缓和。既适应多种情景和本地需求，亦保证不同情境下采用一视同仁的程序和规则，维护了规划实施的公平公正。

2.3 弹性规则是刚性内容的有效实施的保证

空间规划所强调的规划严肃性既要体现在结果的强制力和精准性上，也要体现在过程的规范性上，两者是相辅相成的，由于规划结果的复杂性和不确定性，后者往往更为重要。弹性规则是面向原则、方法和流程的规则，使弹性规划有据可依，并通过规定编制、实施、修正、监管等流程规则规避腐败行为，在无法预测的各类情景下保证社会公正。弹性规则为规划提供了行为准则，在准则之下实现规划中的程序正义。

服务于弹性内容的规则保障，往往对弹性内容的包容度、一致性判断规则有所界定，以保护灰色地带中的程序正义，它既通过“弹性”保证了规划多样性和灵活性，又通过“规则”保证了管控的有效落实。

3 为国土空间规划刚性管控建立弹性机制

3.1 国土空间总体规划制定中的弹性机制

3.1.1 分层分级的分度约束

国土空间规划的五级三类体系，不但包括总规—详规的传导，还包含着不同层级总体规划间的内容传导需求。除了极个别的“贯穿”性要素外，要求了各类各级规划内容具有不同程度的弹性，以实现上下位层层深化的传导和落实。

各层级规划需要参照事权“分层分级”进行分度约束[7]，所谓“分度约束”即需要在上位规划中留出弹性，上位与下位规划之间的关系不是重复和矛盾的，而是关联且递进的，规划体系中战略性到协调性到实施性的区分即对由浅入深的递进关系作了明确要求，因此产生不同的规划弹性与规划深度。

在分度约束的具体方案上，董珂、张菁提出分别采用定则、定量、定构、定界、定形、定序的管控方式。超大、特大、大城市的城乡规划层级较多，可以在总规阶段设定较多“弹性”的强制性内容；而中、小城市则可以“一步到位”，尽量设定“清晰”的强制性内容。同济规划院提出“标准、区划、名录、关系、位置、边界”六类要素和“落实、深化、优化、增补”四种方式。在具体实施中，六要素与四方式应以相互交叉的矩阵出现。

3.1.2 规划留白

上海市总体规划提出留白机制，发挥规划空间弹性、规划指标弹性和规划时序弹性三方面的弹性作用（表7-1）。国土空间总体规划中的规划留白可分为功能留白、战略留白两类。功能留白主要针对远期规划难以预判用地功能的问题，在规划用地中布局综合发展用地、规划白地等，不设定功能要求，可随着实际城市发展变化进一步明确和细化。战略留白的目的是提前预留建设空间应对不可预期的重大项目，例如广州市国土空间总体规划中，多次强调了需要预留重大事件、重大项目的用地地址，建立空间留白机制。

表7-1　“上海2035”中的留白机制

留白机制主要发挥以下三方面的作用
一是规划空间的弹性，即针对不可预期的重大事件和重大项目，同时应对重大技术变革对城市空间结构和土地利用的影响，做好战略留白空间应对准备，提高空间的包容性。 二是规划指标的弹性，即对区域性重要通道、重大基础设施用地，以机动指标的形式进行留白。该类留白根据全市区域性重要通道和重大基础设施规划布局进行统筹安排。 三是规划时序的弹性，即针对人口变化的不同情境，统筹安排规划建设时序，调控土地使用供需关系。

资料来源：沈果毅，方澜，陶英胜，等.上海市城市总体规划中的弹性适应探讨[J].上海城市规划，2017(4):46-51.

7. 董珂，张菁.加强层级传导，实现编管呼应：城市总规空间类强制性内容的改革创新研究[J].城市规划，2018(1):26-34.

指标弹性常见于土地管理，被称为预留指标，又常被称为“不落地的指标”，该类指标在各级规划中都有实践。在北京、上海的规划中，其被纳入留白机制，但对于其他市县而言，由于大部分指标是省级事权，所以无法在空间上体现。自然资源部关于2020年土地利用计划管理的通知提出，2020年要改革土地利用计划管理方式，坚持土地要素跟着项目走，这虽然只是针对土地的年度计划的改革，但对于各地都产生了较大的影响，山东、浙江等地都出台了“土地要素跟着项目走”的管理办法，从一定程度上解决了编规划时抢指标，真正实施的时候有些城市不够用，有些城市用不完的现象。可以预见未来市县用地指标中省级统筹部分比例会增加，在严控建设用地规模的背景下，要保证“不落地的指标”落地，与规划保持一致尚缺乏有效的机制。从目前的情况看，“指标留白”是一个落实这项政策比较有效的机制载体。

落实指标留白的空间有两种选择：城镇集中建设区和城镇弹性发展区。对城镇集中建设区内用地分区明确，符合功能管制的逻辑，但会造成事实上的增加规划建设用地；在城镇弹性发展区比较有利于增量指标的管控，但不利于重点项目在城市中的选址优化。笔者比较倾向于指标留白落在城镇集中建设区内，同时建议作为配套机制一方面要弱化远期建设用地规模的精确性，通过留白使规模具有一定的弹性幅度；另一方面要重点加强用地的年度监控。

3.1.3 城镇弹性发展区

在城镇开发边界指南的多轮讨论稿中，基本明确了开发边界内分为城镇集中建设区、城镇弹性发展区与特殊用途区。弹性发展区的设立是国土空间总体规划编制讨论的热点，其概念在规划发展过程中已经较为成熟，在土地利用总体规划中被称为有条件建设区，是指规划中确定的，在满足特定条件后方可进行城乡建设的空间区域。

当前，弹性发展区的设立规则最终落实到《市级指南》，指出弹性发展区原则上不可超过集建区面积的15%，并对大城市、超大城市提出了更小的比例限制。但其中的用地转换规则，正面及负面清单均未明确，有待地方规范加以细化。

弹性发展区是在城镇发展区内城镇集中建设区之外的分区，在具体实践中会采用保留路网，用地“留白”的控制方式。也有学者提出构建“单元组合型”

总体用地布局方法体系[8]，设定城市扩展的“基本单元”，以期在刚性控制的基础上，打破终极蓝图式的用地边界，只要其开发条件允许，即可启动“基本单元”建设，为城市建设空间提供了可供调整的弹性，为创新城市总体用地布局方法提供了一种新视角。

3.2 国土空间总体规划制定中的弹性表达技术

3.2.1 不同精度、力度的控制表达

控制体系的内容有各种形式和层次，对不同的规划内容采用恰当的管控形式和管控强度，是避免过度控制、保留弹性的最为直接有效的方式。分层分级的国土空间总体规划体系增加了传统控制工具的纵向维度，应建立多层次、多精度、多力度的概念体系，体现各层级管控政策的差异，增强规划的操作性，避免各层级规划的重复与冲突[9]（表 7-2）。

表 7-2 不同精度、力度的表达体系建构

类别		体系（由强至弱）
控制精度	结构	布局—格局
	用地	分类—分区
	控制线	图斑线—控制线—结构线
控制力度	确定性	划定—划示
	正面	必须—应—宜
	负面	严禁—不应—不宜
传导方式		落实—深化—优化—增补

3.2.2 文本的递进表达

无论是制定空间规划的技术标准，还是编写规划文本，评判弹性程度的主要依据是法定条目，因此必须使用恰当的语汇区分刚性与弹性内容，甚至有必要形成一套空间规划专用的语汇体系，规范弹性规划的内容和使用。

8. 张瑞霞 , 林志明 .“单元组合型”总体用地布局方法及实践 [J]. 规划师 ,2019(3):26-31.
9. 王新哲 , 薛皓颖 . 国土空间总体规划传导体系中的语汇建构 [J]. 城市规划学刊 ,2019(S1):9-14.

相比图纸，语言的弹性表达更为直接易懂。如“划示”相对于“划定”，“格局”相对于“布局”，“分区”相对于“分类”，通过准确的用词区分不同规划内容的控制精度，在传导过程中传达不同层级间的递进关系和不同的弹性程度，如“划示开发边界”在各地的国土空间总体规划导则中就已多次出现；执行力度方面，法律上的用词更为成熟，“必须”“禁止”强制性最强，“应”“不应”其次，“宜”“不宜”表达了在条件许可时首先应做，相比前者可以容许一些特例和调整空间。

3.2.3 图纸的结构性表达

上节提到的“划示—划定”通过概念的界定体现了不同的定位精度与管控力度，但就其成果而言，中心城区的“划定”与外围城镇的“划示”出现在同一张图中时，应使阅读者能够准确理解管控内容的刚性与弹性范畴。在欧美国家的规划以及我国上海、北京等城市的规划中，已有较为成熟的图示表达案例，展示了各类绘图手法对弹性规划意图传达的有效辅助作用。

斯蒂芬妮·杜尔总结了欧洲空间规划的图示表达分析，建立了一套分析框架，并在此框架上整理出一套从图解到精细化的、从模糊到严谨的、从区域到定位的空间规划图示方法[10]（图 7-1）。对有效的要素类型模块化后，去除无用的干扰信息，呈现出的网络化、拓扑的示意性空间。空间结构图示的重点就是如何将规划意图准确清晰有效的映射到模式空间上，并在模式空间内对各类政策进行安排。[11]

人们会质疑结构性表达在管控类图纸中显得不够严肃和准确，但笔者认为结构性表达因其信息提炼，能够更为精准地传递核心信息。直接舍弃不属于本级规划的信息，在过去一些传统图纸中，因深度不及而未经推敲的“大致边界”，反而容易在下位规划编制中造成疑惑和误读。所谓“少即是多”，结构性表达可以使信息聚焦于网络结构、节点、相对规模、拓扑关系等管控内容，高度抽象的点线面显然在选址定线方面是不作管控的，赋予下一层级的规划设计完整的弹性空间（图 7-2、图 7-3）。

10.DÜHR S. The visual language of spatial planning: Exploring cartographic representations for spatial planning in Europe[M]. London: Routledge, 2007.

11. 梁洁 . 国土空间总体规划图示方法研究 [J]. 城乡规划 ,2020(3):106-115.

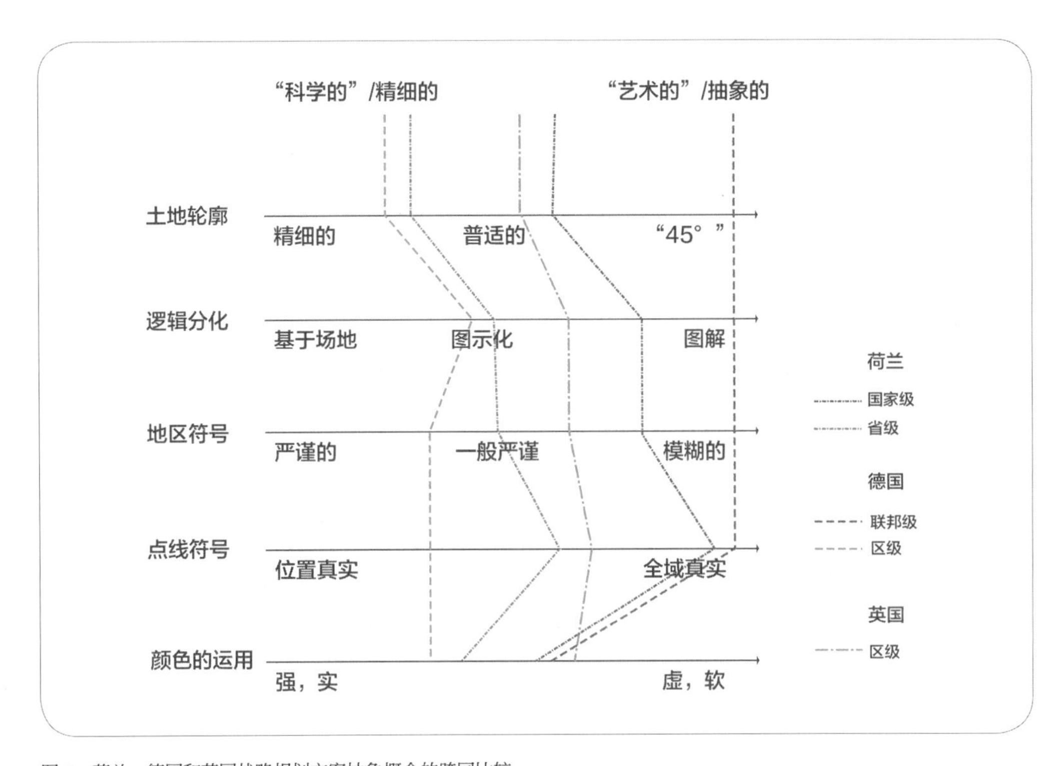

图 7-1 荷兰、德国和英国战略规划方案抽象概念的跨国比较
资料来源 : DÜHR S. The visual language of spatial planning: Exploring cartographic representations for spatial planning in Europe[M]. London: Routledge, 2007.

图 7-2 伦敦规划图
资料来源 :The London Plan Key Diagram. https://www.London.gov.uk/what-we-do/planning/london-plan/current-london-plan.

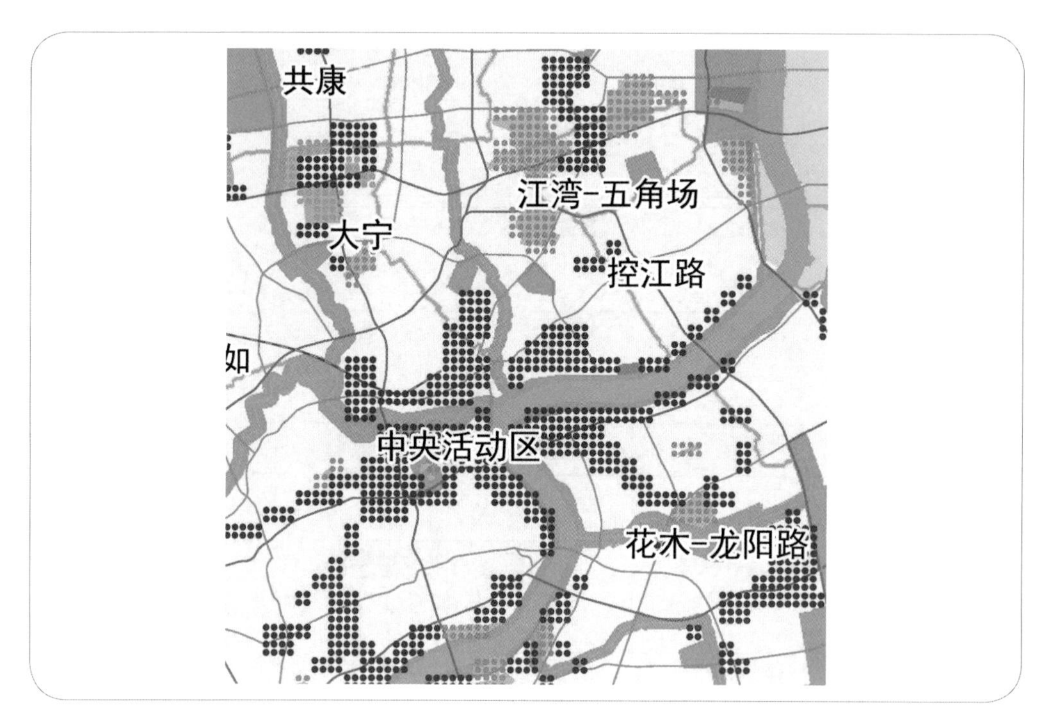

图 7-3 “上海 2035”规划总图局部放大
资料来源：《上海市城市总体规划（2017—2035 年）》

3.2.4 基于参照物的定线体系

我们通常认为，刚性边界是基于坐标的定线体系，往往忽略了定线体系是以自然地物作为参照物的。在城镇开发边界指南讨论稿中，划定原则中强调了须充分利用森林、河流、湖泊、山川等自然地理边界构成城镇开发边界。基于参照物的定线体系，一方面作为定线的刚性依据，另一方面避开了坐标定点的难题（尤其在上位规划中，坐标定点难度过高），在精准与模糊之间，提供了“相对准确”的选项，同时具备边界弹性与管控刚性。

例如，加拿大渥太华的总体规划文本中，附有对规划内容的说明文件（interpretation），该说明指出边界定线以自然地物为参照系，在与自然地物重合时必须严格与自然地物保持一致，其他情况则是近似边界。这种基于参照物的定线体系还可以延伸至规划边界与规划分区的关系层面，无论分区还是开发边界，上位的划示并不落地，均为弹性边界，但是下位落实过程中，需要保证分区与开发边界的关系与上位规划中一致，在规划内容的相对关系上实现了严格传导，同时又为下位规划留出弹性（图 7-4）。

Ottawa

Section 5
Implementation

5.4 – Interpretation

The following policies provide guidance for the understanding and interpretation of the text, maps, schedules, figures and images of the Plan.

6. Boundaries of land-use designations in this Plan are identified on the schedules to this Plan. The boundaries of these policy areas are approximate and, unless otherwise noted, will be considered as general except where they coincide with major roads, railways, hydro transmission lines, rivers and other clearly recognizable physical features. Major roads are defined as Provincial highways, city freeways and arterial roads. When other sources of information have been used to establish boundaries of designations, these will be clearly stated within the policies associated with that designation. Unless otherwise stated in the policies, when the general intent of the Plan is maintained, minor adjustments to boundaries will not require amendment to this Plan.
7. The implementation of this Plan will take place over time and the use of the word "will" to indicate a commitment to action on the part of the City should not be construed as a commitment to proceed with all of these undertakings immediately. These commitments will be undertaken in a phased manner, as determined by City Council, and subject to budgeting and program availability.
8. The indication of any proposed roads, bridges, parks, municipal services or infrastructure in policy text or on Plan schedules, including secondary plan maps or schedules, will not be interpreted as a commitment by the City to provide such services within a specific timeframe. Minor adjustments to the location of these facilities do not require an amendment to the Plan provided they are consistent with the objectives and policy directions of the Plan.

6.本规划中土地使用的边界可参见本规划的附图附表。这些政策区的边界是近似划示的（有特殊说明除外），主要提供大致的范围，除非它们与主要道路、铁路、输水管线、河流和其他明显可识别的物理特征相吻合，其中的主要道路是指省道、城市高速公路和主干道。当使用其他参照信息来来确定边界时，这些参照信息的含义和边界界定方式会在规划中明确说明。除非政策中另有规定，只要规划总体意图不变，可对边界作微小调整，不需要修改该计划。

8.市政府并不承诺必须要在特定期限建设完成在文本或规划图(包括次区级的规划图表)中提及到的这些拟议道路、桥梁、公园、市政服务或基础设施。对这些设施的地点如有微小调整，只要符合计划的目标和政策方向，就不需要对计划作出修正。

图 7-4《渥太华官方规划》中有关规划定线的说明文件节选
资料来源：*Official Plan Consolidation for the City of Ottawa*

3.3 国土空间总体规划实施中的弹性机制

3.3.1 通过规制实现制度弹性

国土空间规划体系在建立之初强调其刚性与严肃性是必要的，但随着体系的建立，应在基本制度上，补充各类细分制度。如波特兰在编制阶段分别设立刚性增长边界和弹性增长边界，刚性增长边界在外围作为严格禁建区边界保护生态，而弹性增长边界结合指标和时序对城市扩张进行限制，在实施阶段，两类边界设定不同的时效和管控规则，采取分度管控，并允许通过“微调、主要调整、立法修正”三种模式对其城市开发边界进行修正[12]。

目前空间规划体系在开发边界管控上的弹性机制主要体现在编制阶段，在实施阶段仅有点状供地、基本农田占用等相关政策。随着各地国土空间规划逐步编制完成，建设实施过程中势必会面对大量变化和新的需求，如重大项目、弹性指标的置换调整、边界勘误等，我们既要在编制过程中预留弹性，又需要在实施中规范弹性制度，充分考虑不同情境，在审批和修改程序上给予相应的制度缓和（图 7-5）。

12. 王颖，顾朝林，李晓江．中外城市增长边界研究进展 [J]. 国际城市规划 ,2014,29(4):1-11.

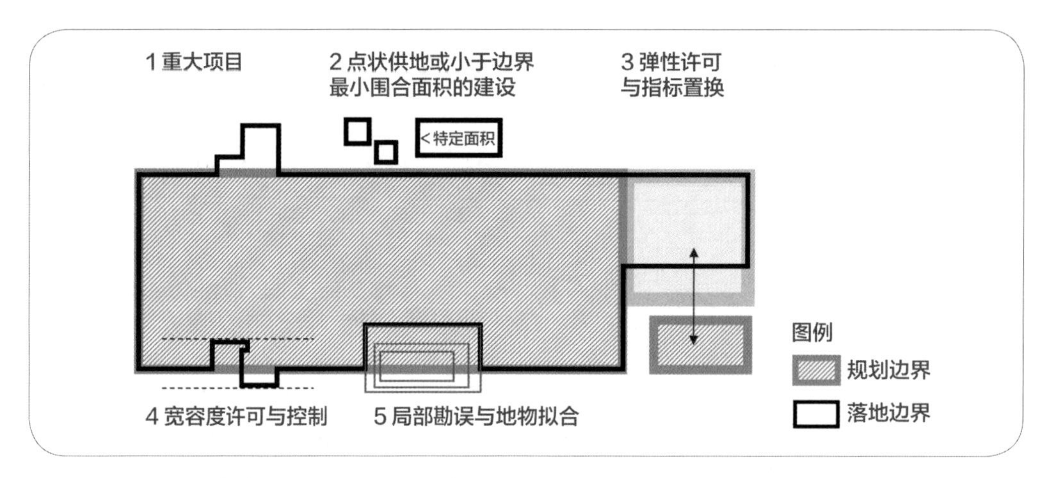

图 7-5 不同情景下，通过规制缓和实现开发边界的弹性修正

3.3.2 开发边界外许可

与《城乡规划法》所规定的“城乡规划主管部门不得在城乡规划确定的建设用地范围以外作出规划许可”不同，在国土空间总体规划体系下，在城镇开发边界外的建设，按照主导用途分区，实行“详细规划 + 规划许可”和“约束指标 + 分区准入”的管制方式。城镇开发边界划定指南的多轮讨论稿均列举了开发边界外所允许的建设项目，包括交通、基础设施及其他线性工程，军事及安全保密、宗教、殡葬、综合防灾减灾、战略储备等特殊建设项目，郊野公园、风景游览设施的配套服务设施，直接为乡村振兴战略服务的建设项目，以及其他必要的服务设施和城镇民生保障项目。

虽然《市级指南》没有直接许可开发边界外的建设量，但“以县（区）为统计单元，划入城镇集中建设区的规划城镇建设用地一般应不少于县（区）域规划城镇建设用地总规模的 90%”，“单一闭合线围合面积原则上不小于 30 公顷”等要求，一定意义上蕴含了对 30 公顷以下零星城镇建设在开发边界之外的许可，并要求这部分用地控制在总规模的 10% 之内，这部分内容的许可显然需要更严格的前提条件和建设要求。

“点状供地”是近年来的一种探索，早期主要强调“点状”，即“建多少供多少”，投资建设方可以“抠”出一块真正需要的用地，然后利用租赁等方式获取周边的生态保留地。随着国土空间规划体系的确立，“点状供地”逐渐成为城镇开发边界外许可的一种方式。四川省、广东省相关文件明确了其内涵，但还基本在乡村振兴的框架之下。《广西壮族自治区自然资源厅关于实施点状供地助推乡村振兴的通知》规定“输变电线路塔基、风电场塔基及升压变电站、输油（气）管道阀室及分输站、通信塔基等点状项目用地可参照点状供地政策执行”，将“点状供地”的范围扩展到市政设施。《海南省自然资源和规划厅关于实施点状用地制度的意见》全面规定了内涵、实施范围的正负面清单、管理审批程序，在自贸区的框架下有望成为可复制、可推广的经验（表 7-3）。

表 7-3　“点状供地”相关政策汇总

时间		文件	内容
国土空间规划体系建立前	2017 年 3 月	安徽省“十三五”旅游业发展规划	坚持节约集约用地，改革完善旅游用地制度，创新采取点状、定向、租赁等多种土地供地模式，重点旅游项目建设用地计划纳入全省年度用地计划中统筹安排
	2017 年 3 月	重庆市国土房管局、重庆市规划局、重庆市旅游局《关于支持旅游发展用地政策的意见》	落实生态文明建设要求，坚持“宜农则农、宜林则林、宜建则建”原则，根据地域资源环境承载能力、区位条件和发展潜力，充分依托山林自然风景资源，结合项目区块地形地貌特征，依山就势，按建筑物占地面积、建筑半间距范围及必要的环境用地进行点状布局、点状征地、点状供应旅游项目用地
	2018 年 1 月	海南省人民政府《关于进一步加强土地宏观调控提升土地利用效益的意见》	积极探索在百镇千村、共享农庄以及其他旅游项目设施建设中，主体项目周边用地保持原貌的情况下，采取分散化块、点状分布的方式“点状供地”，进一步提升土地利用的精细化、精准化、集约化程度
	2018 年 6 月	浙江省人民政府办公厅《关于做好低丘缓坡开发利用推进生态“坡地村镇”建设的若干意见》	对结合异地搬迁、新农村建设等工作，通过规划引导纳入村庄建设的区块，可以实行点状或带状布局多个地块组合开发。对充分依托山林自然风景资源，进行生态（农业）旅游、休闲度假等项目开发的区块，可以实行点状布局多个地块组合开发
	2018 年 7 月	广东省政府《广东省促进全域旅游发展实施方案》	支持农村集体经济组织依法依规盘活利用空闲农房和宅基地，改造建设民宿、创客空间等场所，乡（镇）土地利用总体规划可以预留部分规划建设用地指标（不超过 5%）用于零星分散单独选址的乡村旅游设施建设，对乡村旅游项目中属于新产业新业态的用地，以及符合精准扶贫等政策要求的民生用地所需指标，可从省新增建设用地指标中统筹解决
	2018 年 11 月	上海市规划国土资源局《关于推进本市乡村振兴做好规划土地管理工作实施意见（试行）》	乡村新产业新业态项目中，按照建设用地进行管理的，可以实施“点状”和“带状”布局，多个地块组合开发。项目区内其他用地，仍按照原地类管理。各区可以依据郊野单元（村庄）规划明确的建设用地，进行点状布局，按照建设用地地块范围办理农用地转用后，通过集体建设用地使用或征为国有方式供地
国土空间规划体系建立后	2019 年 7 月	四川省《关于规范实施“点状用地”助推乡村振兴的指导意见（试行）》	在城镇开发边界（城市和乡镇建设用地扩展边界）以外，不适合成片开发建设的地区，根据地域资源环境承载能力、区位条件和发展潜力，结合项目区块地形地貌特征，依据建（构）筑物占地面积等点状布局，按照建多少、转多少、征（占用）多少的原则点状报批，根据规划用地性质和土地用途灵活点状供应，开发建设服务于乡村振兴的项目用地

续表 7-3 “点状供地”相关政策汇总

时间		文件	内容
国土空间规划体系建立后	2019 年 12 月	广东省自然资源厅《关于实施点状供地助力乡村产业振兴的通知》	为实施现代种养业、农产品加工流通业、乡村休闲旅游业、乡土特色产业、乡村信息产业及乡村新型服务业等乡村产业项目及其配套的基础设施和公共服务设施建设，确需在城镇开发边界外使用零星、分散建设用地，且单个项目建设用地总面积不超过 30 亩的，可实施点状供地
	2020 年 4 月	海南省自然资源和规划厅《关于实施点状用地制度的意见》	点状用地的实施范围包括： 1. 乡村基础设施（含交通、水利等设施）和公共服务设施用地； 2. 乡村休闲农业和旅游项目用地及其配套设施用地； 3. 农产品加工、展销、存储等项目用地； 4. 农村一二三产业融合发展中的新产业、新业态以及旅游新业态用地； 5. 南繁科研育种基地范围内服务于南繁育种的生产设施用地； 6. 旅游公路驿站、交通场站用地； 7. 法律法规规定的其他点状项目用地。 城镇、产业园区开发边界外非采取点状用地方式使用土地的单独选址项目，不适用本意见。属于设施农用地的，按照设施农用地的有关规定管理，不适用点状用地的有关规定

资料来源：作者根据相关文件整理

3.3.3 基本农田及生态红线的占用

尽管我们坚持“最严格的土地保护政策”，但难免会占用基本农田或生态红线。《土地管理法》第三十五条规定：国家能源、交通、水利、军事设施等重点建设项目选址确实难以避让永久基本农田，涉及农用地转用或者土地征收的，必须经国务院批准。

自然资源部《关于做好占用永久基本农田重大建设项目用地预审的通知》允许六类情景重大建设项目，疫情防控中，自然资源部印发通知：“对选址有特殊要求，确需占用永久基本农田和生态保护红线的，视作重大项目允许占用”。《关于在国土空间规划中统筹划定落实三条控制线的指导意见》中规定生态保护红线内，自然保护地核心保护区在符合现行法律法规前提下，除国家重大战略项目外，仅允许对生态功能不造成破坏的有限人为活动，主要包括：不破坏生态功能的适度参观旅游和相关的必要公共设施建设；必须且无法避让、符合县级以上国土空间规划的线性基础设施建设、防洪和供水设施建设与运行维护；重要生态修复工程。

4 结语

4.1 对于“一致性”的判定是规划弹性的技术保障

对弹性内容“一致性”的判定是弹性规则核心问题，过去总规中通常采用主观判定，如控规是否符合总规要求，何种内容以何种标准进行判别，过去在规划中并不作说明，会导致分歧，尤其是绿带宽度、商业混合比例等敏感问题，对弹性边界未加界定的情况下，应避免建设中浑水摸鱼或是一刀切的情况。

在《市级指南》，有条文“规划实施中因地形差异、用地勘界、产权范围界定、比例尺衔接等情况需要局部勘误的，由市级自然资源主管部门认定后，不视为边界调整。”该条文提出了开发边界划定过程中允许的弹性误差，为规划内容提供了一定的宽容度。但宽容范畴的判断规则仍然是界定不足的，例如“地形差异”“比例尺衔接”等概念缺乏定义，会导致判断困难。在实施过程中，因规则过于模糊，可能出现管理者拒绝模糊地带，或是主观判断一致性，前者丧失了弹性的作用，后者加大了弹性的风险，都是不可取的。在法治社会的建设背景下，未来有必要在技术细则，或是规划成果中对宽容情景给出更明确的定义和解释，把过去不言自明的潜规则“言而明之”。

4.2 走向程序正义的空间规划

管理科学的理想境界是“自限于可为的界线之内，从而向最大多数人提供丰富的现实可选择性”[13]。规划亦是如此，绝对的弹性与绝对的刚性都不难，而难在虚实相间的分寸。规划的严肃性绝非建立在图纸上的一条条精准的控制线上，而应体现在实施过程的稳定与适用上，用规则去保证空间规划长远的程序正义，而不是用底线追求短暂的强制力。

空间规划的思维应从“短期性”导向转变为“长期性”导向，从“工程蓝图”思维转变为“格局框架式”思维，从“精准布局”的思维逐步转变为“引导、规制、包容性”的思维，而规划的理性内核也应从“工具理性”修正为“有限理性”。

---

13. 周笑 . 管理科学的界线 : 可为与不可为 [J]. 衡阳师范学院学报 ,2004(4):123-126.

第8章

总体规划文本表达技术实践特征与思考：有效表达、凸显政策、增强逻辑[1]

制定一份具备高水平的内容与格式，有效地表达、转译各种规划决策的文本对于总体规划的改革非常重要。本章研究了总体规划文本的制度与表达现状，结合案例研究文本的外部形式、内容结构、文体的选择、语言表达。指出文本形式上可以沿用“法条化”的形式，有利于彰显总体规划的严肃性，同时应突出其“政策性文件”的性质；应适当丰富文本的内容；改变现行以报批为核心的结构体系，增加文本的逻辑性与阅读体验；改进适应于政策表达的文体与方式。

城市总体规划一直进行着改革，2005—2008年以《城市规划编制办法》和《城乡规划法》的颁布为标志，城市总体规划的编制形成了较为稳定的范式，但很快又受到来自各方面的压力，开始了一轮又一轮的改革。这些改革与制度环境、规划理念、技术方法密切相关，应当说经过几十年的改革与发展，城市总体规划的理念、技术、方法有了较大的提升，更加符合现时的经济社会、制度环境，但总还会听到多方面的意见。究其原因，作为一种制度设计，城市总体规划的成果，特别是文字成果需要更好地体现总体规划改革的精神是其中的一个主要原因。

党的十九大前后批复的北京、上海城市总体规划，在成果表达方面有了显著的变化。“上海2035”专门进行了“总体规划成果形式研究”，就文本的形式、

1. 本文部分内容引自：王新哲，黄建中．城市总体规划文本表达技术实践特征与思考——以《上海市城市总体规划（2017—2035年）》为例[J]. 城市规划,2020,44(9):85-92. 有扩充、修改。

内容、表达方式进行了针对性的研究[2]，以充分体现总体规划的改革与创新，使之更好地发挥作用。2017 年住建部的总体规划改革的试点城市也均在成果体系与表达方面进行了大量的探索。及时总结、提升城市总体规划编制的经验，具有重要意义，将会为空间规划体系的建立提供借鉴与支持。

1 城市总体规划改革背景下的文本制度

1.1 城市总体规划文本制度

1991 年开始施行的《城市规划编制办法》第十七条规定：总体规划文件包括规划文本和附件，规划说明及基础资料收入附件。规划文本是对规划的各项目标和内容提出规定性要求的文件，规划说明是对规划文本的具体解释。正式定义了我国城市总体规划的文本。借用法律条文的形式，追求严肃性和严谨性。它是城市规划的客观属性造成的，它为城市规划的依法实施和管理提供了依据[3]。

1991 年《城市规划编制办法》颁布后，国家、建设部颁布了一系列的规章制度，1995 年发布的《城市规划编制办法实施细则》、2005 年颁布的新版《城市规划编制办法》中都对城市总体规划的内容进行了详细的界定。建设部还分别于 1999 年和 2013 年颁布《城市总体规划审查工作规则》和《关于规范国务院审批城市总体规划上报成果的规定》(暂行)，部分省市也多次颁布类似文件，这些文件虽未明确规定文本的体例、格式，但引导了全国城市总体规划的编制工作，形成了相对固定的体例。

1.2 总体规划文本的表达现状

余柏椿在《更新观念 做好“文”章——关于规划文本意识与规范的思考》一文中提到：规划说明是一种解释性文件，它对规划的前因后果均要进行阐述，强调对规划结果的理解和判断。而规划文本是一种法律或行政文件，只述果不述因，强调对规划结果的执行，追求严肃性和严谨性。文章就规划文本的意识、概念、

---

2. 上海同济城市规划设计研究院课题组 . 上海市规划和国土资源管理局委托课题“上海市新一轮总体规划成果形式研究”[R],2015.
3. 余柏椿 . 更新观念 做好“文”章——关于规划文本意识与规范的思考 [J]. 城市规划 ,1995(5):20-21.

格式、内容、条文的性质和措辞进行了探讨，基本反映了规划文本制度确立以来，管理、设计界对于文本的定义与认识。

总体规划文本的体例基本采用了法律文本的体例，主要表现在：采用了一般法律所采用的法条式结构；调整和规范文本条文的表述方式，力求做到结构严谨、协调，文字准确、简明，文本统一、规范[4]；在结构上开头为“总则”，阐明规划的目的、规划的依据等，结尾为“附则”。“总则”规定规划制定的目的、依据、总体要求等，“附则”为规划的实施主体、管理主体、生效期限、解释权等内容。

然而在具体实践中，由于规划师大都是工程设计的知识背景，规划文本表现出较强的技术文件特征。以技术性为特征的总体规划成果严重制约了我国总体规划政策的最终实施[5]。住建部城乡规划司于 2015 年曾总结报国务院审批城市总体规划文本的问题，包括内容繁杂，不统一；条文表述原则性强，执行力差；城市特点不突出，内容千篇一律；条例内容前后重复交叉；政策性、管制性内容不足等。

2 国土空间总体规划文本的形式选择

2.1 响应国土空间总体规划的定位

“法律性”“战略性”和“政策性”是城市总体规划的突出特征，中共中央、国务院于 2016 年 2 月初印发的《关于进一步加强城市规划建设管理工作的若干意见》文件中，就开宗明义地写道：“城市规划在城市发展中起着战略引领和刚性控制的重要作用”。进一步明确了城市规划应同时兼顾战略引领和刚性控制。《若干意见》对国土空间规划的战略性和严肃性也进行了界定：国土空间规划是各类开发保护建设活动的基本依据，要体现战略性，强化规划权威。

出于强化总体规划地位、作用及严肃性的目的，“法律性”占了上风，有学者指出：总规成果表征主要以行政法律体制来表征，也就是把理性技术成果

4. 彭高峰，刘云亚，韩文超. 公共政策导向下城市总体规划“法条化”探索：以广州市为例 [J]. 城市规划，2017(4):9-15.
5. 周建军. 从城市规划的“缺陷”与“误区”说开去：基于规划干预、政策及本位之反思与检讨 [J]. 规划师，2001,17(3):11-15.

转化为政府可实施的行政法律文件或地方性法规[6]。同时有学者指出："政策载体"在现实中有两类，第一类是"指示、决定、通知、指引"等，表现为"政策文件"的形式。第二类是"法律、规章、条例、命令"等，表现为"法律文件"的形式。"政策文件"与"法律文件"同为公共政策的载体，但有着不同的特征[7]。

随着大量城市进入转型阶段，结构优化和城市更新替代扩张型的发展模式。从完善我国城市总体规划行动维度的方向看，由"远期规划"向"战略性的行动规划"的转变，将是一个重要趋势[8]。

2.2 国土空间总体规划文本的内容超出了"法律文本"范围

国土空间总体规划同时具备了调控空间资源、指导城乡建设、保障公共利益三方面的作用，对应于文本的内容则分别为行动方案、实施政策、控制底线，同时具备了技术文本、政策文本、法律文本的特征。

正如前文所述，国土空间总体规划成果在突出其法定性的同时，战略性、政策性的探讨一直未有停止。一个完整的法律规则都是由假定 (条件)、行为模式和法律后果三部分构成的。国土空间总体规划的文本并不具备这些要素。所以国土空间总体规划不是严格的法律文本。同时由于对于法定性的误解，"总规"编制在"法定"概念下"战略导向"和"政策载体"功能大为丧失。"总规"文件要向"政策性文件"方式转变[9]（表 8-1）。

表 8-1　国土空间总体规划文本的属性

城市规划的作用	对应的规划内容	对应的文本内容	文本的属性
调控空间资源	解决问题	行动的方案	技术文本
指导城乡建设	政策保障	实施的政策	政策文本
保障公共利益	明确底线	控制的底线	法律文本

6. 曹传新，董黎明，官大雨．当前我国城市总体规划编制体制改革探索：由渐变到裂变的构思 [J]. 城市规划 ,2005(10):14-18.
7. 赵民，雷诚．论城市规划的公共政策导向与依法行政 [J]. 城市规划 ,2007(6):21-27.
8. 张尚武，王颖，王新哲，等．构建城市总体规划面向实施的行动机制：上海 2040 总体规划中《行动规划大纲》编制与思考 [J]. 上海城市规划 ,2017(4):33-37.
9. 赵民，郝晋伟．城市总体规划实践中的悖论及对策探讨 [J]. 城市规划学刊 ,2012(3):1-9.

2014年3月，中共中央、国务院印发《国家新型城镇化规划（2014—2020年）》，规划并未采用“法条式”的形式，但丝毫不影响其今后一个时期指导全国城镇化健康发展的宏观性、战略性、基础性规划的定位。

“上海2035”总体规划的基本定位概括为“战略蓝图、法定依据、政策平台和行动纲领”。并构筑了“1+3”的成果体系，实现总体规划从技术性文件向政策性文件的转变，体现作为政策平台的作用。[10]

专栏

“上海2035”的基本定位

“上海2035“的基本定位概括为“战略蓝图、法定依据、政策平台和行动纲领”。

战略蓝图：体现战略引领作用是总体规划的核心内涵。迈向卓越的全球城市是上海新一轮发展的战略目标，建立从目标到策略严密的逻辑框架，统筹城市发展有关的各个系统。面向未来，立足全局，从长远角度引导城市的发展。

法定依据：总体规划的城市公共政策本质属性，要求其发挥保障公共利益的基础性作用。“上海2035”聚焦土地、人口、环境、安全等城市发展底线管控要求，突出对公共利益的保障等刚性管控内容，加强对管控要求的传导和动态监测，体现总体规划作为指导城市建设的法定依据的作用。

行动纲领：强调在实施维度上建立规划、建设、管理的统筹机制，合理划分管理和实施事权，明确主体职责，有效促进区域行政主体、部门主体等纵向和横向合作，引导社会多元力量参与规划实施，提高规划有效性，体现城市总体规划作为行动纲领的作用。

政策平台：“上海2035”是以城市总体规划与土地利用总体规划为核心，对接深化主体功能区规划，以空间为平台统筹协调各部门政策，实现总体规划从技术性文件向政策性文件的转变，体现作为政策平台的作用。

10. 张尚武，金忠民，王新哲，等．战略引领与刚性管控：新时期城市总体规划成果体系创新——上海2040总体规划成果体系构建的基本思路[J]. 城市规划学刊，2017(3):19-27.

2.3 “法条化”的形式有利于彰显国土空间总体规划的严肃性

出于对总体规划严肃性的考虑，规划行政部门、学者倾向于规划文本的“法条化”。“对上可用于管理，对下可指导实施”。但同时作为谋划城市长远发展的纲领性文件，总规又必须有适当的弹性。

法条化结构体例的名称统一、每一级结构层次都有一个法定的名称和统一规范的书面标识方法，因而容易辨识，便于引用。每一项具体条文所在的位置明确，便于查找。同时文本条款含义完整确切，具有较强的独立性，关键性文句脱离上下文后能不生歧义，不易被歧解和曲解。也有未采用法条式的形式的规划，如《大伦敦规划》，但给每一条政策都赋予了编号，方便了实施与检索。

“上海 2035”形成了“1+3”的成果体系，其中的“1”又从形式上形成了两个文件：面向全社会、反映本轮规划战略意图的政策文件和上报国务院审批、由住建部组织技术审查的法定文件。政策文件成果表达借鉴国外诸多城市战略性规划的表达形式，改变了原有条文写法，突出表达城市发展的战略意图和体现政策性内涵；上报文件按照规划编制审批要求，在总体规划报告的基础上进一步精简提炼，突出须报请中央政府确认的事项和内容重点，仍采用了条文表达的文本形式[11]。某种程度上反映了创新者在总体规划成果形式上的纠结和既有范式的力量。

《北京城市总体规划（2016 年—2035 年）》也采用了“法条式”的形式，但明显具有了政策文件的特征，特别是每一章提纲挈领的前言，并不是法律文本的文风。

2.4 建立文本表达技术

从上文分析可知，国土空间总体规划文本兼具政策性文件与法律文件的特点，是“法条化的政策文件”。立法过程中产生和利用的经验、知识和操作技巧产生了立法技术。政策性文件的写作也有大量的规范、指引可供参考。国土空间规划文本的编写、表达一直没有系统总结，相关规范亟待建立。

---

11. 张尚武，金忠民，王新哲，等．战略引领与刚性管控：新时期城市总体规划成果体系创新——上海 2040 总体规划成果体系构建的基本思路 [J]. 城市规划学刊 ,2017(3):19-27.

立法技术包括立法体制确立和运行技术、立法程序形成和进行技术、立法表达技术等。其中立法表达技术包括：规范性法律文件的名称；规范性法律文件的内部结构、外部形式、概念和语言表达、文体的选择技术等；法律规范的结构和分类技术；规范性法律文件的系统化技术，这主要指法律编纂和汇编技术[12]。参照立法表达技术，国土空间总体规划的表达技术可以分为文本表达技术和图纸表达技术。其中文本表达技术应该包括：规划文件的名称、结构、分类和系统化技术；文本的内部结构、外部形式、概念和语言表达、文体的选择技术等。前者与规划制度的改革息息相关，已广泛地存在于各类法律、规范与编制办法里，后者缺乏系统的总结。

3 国土空间总体规划文本的逻辑结构调整

3.1 传统的城市总体规划文本结构

1995 年发布的《城市规划编制办法实施细则》、2005 年颁布的新版《城市规划编制办法》中都对城市总体规划的内容进行了详细的界定，初步确定了总体规划文本的体例结构（总体规划文本的章节结构基本与编制办法中的条款对应），形成了相对固定内容与逻辑结构。

几十年来，我国的经济社会发生了巨大的变化，但总结 1958 年、1982 年、2004 年三版北京市城市总体规划文本，可以发现内容基本保持稳定[13]，基本上形成了目标—总体布局—专项系统—规划实施的文本结构（表 8-2）。

2013 年底住建部要求改进城市总体规划的上报成果文件。《兰州市城市总体规划（2011—2020 年）》作为改进城市总体规划的上报成果的模板，对成果内容进行了大量的调整，该模板已经成为当前城市总体规划的上报成果的范本之一。该调整遵循了两个基本原则：成果内容表述依然以市域城镇体系规划、中心城区规划两大空间层次为基础；以事权划分为基础识别上级部门要审的内容，形成成果中需要突出的内容框架。如城市发展战略、重要自然资源的保护、

12. 张光杰 . 中国法律概论 [M]. 上海 : 复旦大学出版社 ,2005.
13. 和朝东 , 石晓冬 , 赵峰 , 等 . 北京城市总体规划演变与总体规划编制创新 [J]. 城市规划 ,2014(10):28-34.

历史文化遗产的保护、空间开发管制、区域协调和规划实施[14]，形成以报批为核心的技术思路，文本基本延续了原有的逻辑结构。

表 8-2 北京总体规划文本内容与逻辑结构演变

<table>
<tr><th>1958 年</th><th>1982 年</th><th>2004 年</th><th></th></tr>
<tr><td></td><td></td><td>1. 总则</td><td rowspan="3">目标</td></tr>
<tr><td>1. 城市性质</td><td>1. 城市性质</td><td>2. 城市性质、发展目标与策略</td></tr>
<tr><td>2. 规模布局</td><td>2. 城市规模</td><td>3. 城市规模</td></tr>
<tr><td>4. 市区总平面</td><td>4. 城市布局</td><td>4. 城市空间布局与城乡协调发展</td><td>总体布局</td></tr>
<tr><td></td><td>5. 开发和建设卫星城镇</td><td>5. 新城发展</td><td rowspan="15">专项系统</td></tr>
<tr><td>5. 城区改建</td><td>6. 旧城改建</td><td>6. 中心城调整优化</td></tr>
<tr><td></td><td></td><td>7. 历史文化名城保护</td></tr>
<tr><td>3. 工农业分布</td><td></td><td>8. 产业发展与布局引导</td></tr>
<tr><td>6. 居民区建设</td><td>7. 住宅和生活服务设施</td><td>9. 社会事业发展与公共服务设施</td></tr>
<tr><td></td><td>3. 城市环境</td><td>10. 生态环境建设与保护</td></tr>
<tr><td></td><td></td><td>11. 资源节约、保护与利用</td></tr>
<tr><td rowspan="4">10. 市政设施</td><td>9. 水源和城市供水</td><td rowspan="5">12. 市政基础设施</td></tr>
<tr><td>12. 城市能源</td></tr>
<tr><td>13. 邮电通信</td></tr>
<tr><td>10. 城市污水排放与处理</td></tr>
<tr><td>9. 水利建设</td><td>11. 城市防洪排水与河湖整治</td></tr>
<tr><td>7. 绿地系统</td><td>14. 城市园林绿化</td><td></td></tr>
<tr><td>8. 道路交通</td><td>8. 城市交通和对外交通</td><td>13. 综合交通体系</td></tr>
<tr><td></td><td>15. 备战与抗震</td><td>14. 城市综合防灾救灾</td></tr>
<tr><td></td><td>16. 近期建设</td><td>15. 近期发展与建设</td><td rowspan="2">规划实施</td></tr>
<tr><td></td><td>17. 总体规划的实施</td><td>16. 规划实施</td></tr>
</table>

资料来源：和朝东，石晓冬，赵峰，等．北京城市总体规划演变与总体规划编制创新 [J]. 城市规划 ,2014(10):28-34.

---

14. 徐超平．城市总规“编审分离”的实践探索：以国务院批复兰州总规模板为例 [N/OL]. 规划中国 ,2016-06-02[2023-11-01].http://mp.weixin.qq.com/s/tvRZUVjrsk9OwNu3MldJ_w.

3.2 国土空间总体规划文本的内容选择

国土空间总体规划文本的内容应该具有比城市总体规划文本更丰富的表达内容、更清晰的表达逻辑、更直观的表现方式。笔者在2020年发表的论文中提出虽然总体规划内容“瘦身”已经成为各界的共识，但在摒弃不必要的、烦琐的内容的同时，增加立场与愿景的阐述、多情景方案的分析、必要的插图与引用等，将能更好地传递政策意图。

国土空间总体规划编制期间，自然资源部多次以电话会议、内部文件等形式传递对于规划的要求，其中也包括了对于文本的要求，在最早一批公布的公开稿中，大多都选择了第一章总则、第二章规划基础的文本结构，直接反映了自然资源部的指导意见，规划基础中的“现状特征”“机遇与挑战”即是对城市未来发展目标的解释。

专栏

《徐州市国土空间总体规划（2021—2035年）》公开稿目录

第一章 总则

第二章 规划基础
第一节 现状特征
第二节 机遇与挑战

第三章 目标定位与空间策略
第一节 目标愿景与城市性质
第二节 国土空间开发保护战略与目标

第四章 区域统筹
第一节 落实国家和区域发展战略
第二节 建设淮海经济区中心城市
第三节 加强省内协同

第五章 市域国土空间格局
第一节 构建科学合理的国土空间格局
第二节 三区三线划定
第三节 国土空间规划分区与管控

第六章 市域资源要素保护与利用
第一节 保护利用目标与格局
第二节 水资源保护利用
第三节 耕地资源保护利用
第四节 保护利用湿地资源
第五节 保护利用山体和森林资源
第六节 自然保护地体系
第七节 合理开发利用矿产资源

第七章 市域城乡融合发展
第一节 市域城镇体系规划
第二节 公共服务设施规划
第三节 市域产业空间布局
第四节 优化乡村空间格局
第五节 塑造城乡特色风貌

第八章 市辖区国土空间格局
第一节 重要控制线规划
第二节 市辖区空间格局
第三节 国土空间用途结构优化
第四节 乡村振兴与镇村布局规划
第五节 低效用地盘活利用

第九章 中心城区布局优化
第一节 空间结构与用地布局优化
第二节 居住用地与住房保障
第三节 公共服务设施布局
第四节 产业发展布局
第五节 绿地和开敞空间规划
第六节 城市风貌引导
第七节 有序推动城市更新
第八节 地下空间开发利用
第九节 城市控制线

第十章 综合交通与枢纽建设
第一节 综合交通发展目标与战略
第二节 市域综合交通系统
第三节 市辖区综合交通系统
第四节 中心城区综合交通系统

第十一章 历史文化遗产保护
第一节 整体保护历史文化遗产

第二节 活化利用文化遗产和自然遗产

第十二章 要素支撑体系
第一节 提升城市安全保障能力
第二节 完善市政公共服务设施配套

第十三章 生态修复与全域土地综合整治
第一节 系统实施生态修复
第二节 推进乡村全域土地综合整治

第十四章 完善实施保障，提高空间治理现代化水平
第一节 加强党的领导
第二节 完善规划管控传导机制
第三节 完善规划政策保障
第四节 加强规划动态监测与评估
第五节 制定近期行动计划

资料来源：徐州市人民政府.《徐州市国土空间总体规划（2021—2035年）》公开稿[EB/OL].(2023-11)[2023-12-01].http://zrzy.jiangsu.gov.cn/gtapp/kindeditor/attached/file/20231122/20231122170110_264.pdf.

3.3 构建目标、问题导向的国土空间总体规划文本逻辑结构

张昊哲等总结了美国的总体规划表达，提出要素间简明的逐层递进式线型逻辑不但有助于实现各要素之间的功能联系，而且也符合人们的阅读习惯，有利于城市规划政策的表达。[15] 我国可采用基础事实、愿景陈述、目标政策、实施工具四项基本要素这对于增强规划成果的政策表达能力有积极的意义。近年来战略规划也比较多地采用目标导向、问题导向的逻辑结构。

“上海2035”总体规划报告形成了以目标导向为逻辑的文本结构（图8-1、图8-2），由六大部分内容构成：一是“概述”，简要说明总体规划的定义和作用、编制特点和过程以及成果构成；二是“发展目标”，阐述上海进入21世纪的建设成就、面临的瓶颈问题，展望未来城市发展趋势，提出上海建设全球城市的目标内涵，是规划编制的总纲领；三是“发展模式”，确立“底线约束、内涵发展、弹性适应”等作为规划导向，明确规划理念和方法的转变；四是“空间布局”，从区域和市域两个层次明确上海未来的空间格局，是规划的核心内容；

---

15. 张昊哲，宋彦，陈燕萍，等.城市总体规划的内在有效性评估探讨：兼谈美国城市总体规划的成果表达[J].规划师,2010(6):59-64.

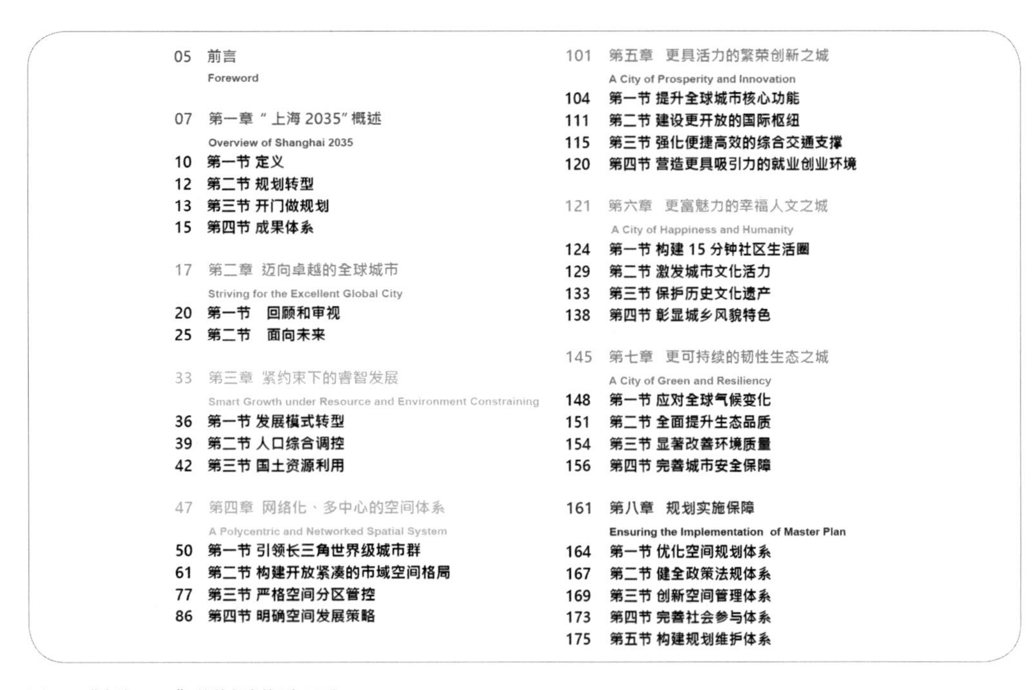

图 8-1 “上海 2035”总体规划报告目录
资料来源：《上海市城市总体规划（2017—2035 年）》

图 8-2 “上海 2035”总体规划报告逻辑框架
资料来源：《上海市城市总体规划（2017—2035 年）》

五是“发展策略”，分别从建设创新之城、人文之城、生态之城三个分目标出发，整合了综合交通、产业空间、住房和公共服务、空间品质、生态环境、安全低碳等领域的重点发展策略；六是“实施保障”，从实现城市治理模式现代化的角度，探索规划编制、实施、管理的新模式。

4 适应于政策文件的文本表达改进

4.1 准确阐明政策意图

城市规划的公共政策属性从其诞生起就已客观存在。但规划设计文件却表现出强烈的技术属性，很多规划的具体措施就是政策的具体落实，而这些政策却在“提炼”文本的时候，被规划师当成“解释性”内容删除了，为强化城市规划的公共政策属性，应首先将“政策意图”在规划文本中准确体现。

作为严肃的“政策性文件”，《国家新型城镇化规划》用了一“篇”的篇幅，阐明城镇化的重大意义、发展现状与发展态势，按照传统城市总体规划“文本”的理解，是不应该涵盖这些“解释性”内容的，但恰恰是这部分内容，集中体现了中央政府对于城镇化的认识，是“政策声明”（policy statement）的重要组成部分。战略规划通常会分析城市存在的问题、发展的趋势、未来的愿景等，对于城市规划相关人员准确把握城市的发展方向具有重要的作用。“上海2035”在“发展目标”章节中阐述了上海进入21世纪的建设成就、面临的瓶颈问题，展望未来城市发展趋势，提出上海建设全球城市的目标内涵，在“发展模式”章节中确立“底线约束、内涵发展、弹性适应”等作为规划导向，明确了规划理念和方法的转变，是总体规划文件中重要的组成部分。

4.2 将技术性的语言转化为政策性的语言

张昊哲以总体规划文本中环境政策的表达为例，分析了专业性技术内容的政策表达。这种“技术化”的环境指标要素通常较为抽象、不易理解，其局限性是显而易见的。它们往往是一个个具体因素（例如，二氧化硫、氮氧化物等），其表现的形式通常为物理单位。对于非专业人士而言，即使知道了各种污染物质的准确浓度，一般也无法理解城市环境建设设定的目标是否合理。这显然不

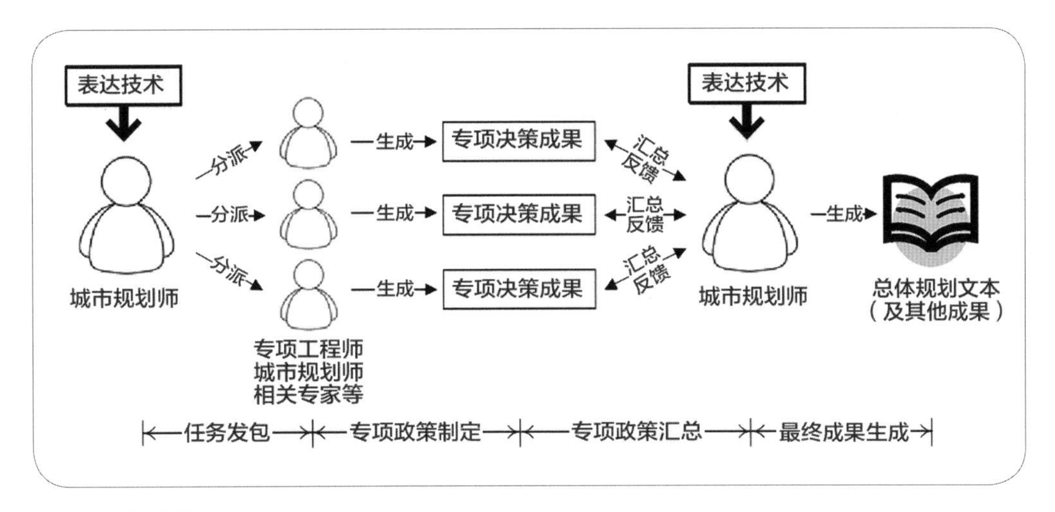

图 8-3 专业内容的转译

资料来源：张昊哲 . 我国城市总体规划文本中环境政策表达技术研究 [D]. 哈尔滨 : 哈尔滨工业大学 ,2011.

利于总体规划文本在社会范围内有效传达规划政策。[16] 因此，在总体规划文本中应将“专业技术”转译为政策内容（图 8-3）。

规模预测在规划中也是一个典型的问题，如“2035 年城市人口规模为 ×× 万人”，而其真正的政策意图到底是“2035 年城市人口规模控制在 ×× 万人以内”，还是“2035 年城市人口规模达到或超过 ×× 万人”？“上海 2035”的人口规模控制是关注的焦点之一，与传统的规划文本简单交代人口规模不同，“上海 2035”用了“严格控制常住人口规模”“合理优化人口结构和布局”“积极应对人口变化”三段，分为九条来表达了人口调控政策。

4.3 使用祈使句体现引领与管控

在表达句式上，传统总体规划文本多用描述性语言，以陈述句为主。但公共政策属性更加明确的发展规划等多用倡导型语言，多用无主句。无主句指不带主语或不必交代甚至根本说不出主语的句子。由于法律、公文具有定向表述的特点，一些意愿（禁止、希望等）的发出者和情况问题的发现者是不言自明的，因此，一旦需要由其作主语时，往往可不必交代。规划是城市发展、建设的“共同纲领”，主语较难准确界定，宜采用无主句的句式。

16. 张昊哲 . 我国城市总体规划文本中环境政策表达技术研究 [D]. 哈尔滨 : 哈尔滨工业大学 ,2011.

传统的城市总体规划多为基于规模增长为主导的静态规划，重点是对于未来的“安排”与空间位置的描述，未来城市进入存量规划阶段，在表达方式上，应摒弃传统规划大而全的表达，重点突出在规划期内的提升与改变（表 8-3）。

表 8-3 不同性质文本的表达方式

上海市城市总体规划（1999—2020）	上海市国民经济和社会发展“十二五”规划
中心城布局 中心城空间布局结构为“多心、开敞”。规划按现状自然地形和主要公共中心的分布以及对资源优化配置的要求，合理调整分区结构。中心城公共活动中心指中央商务区和主要公共活动中心。 （1）中央商务区 中央商务区由浦东小陆家嘴（浦东南路至东昌路之间的地区）和浦西外滩（河南路以东，虹口港至新开河之间的地区）组成，规划面积约为 3 平方公里。中央商务区集金融、贸易、信息、购物、文化、娱乐、都市旅游以及商务办公等功能为一体，并安排适量居住。 （2）主要公共活动中心 主要公共活动中心指市级中心和市级副中心。市级中心以人民广场为中心，以南京路、淮海中路、西藏中路、四川北路四条商业街和豫园商城、上海站“不夜城”为依托，具有行政、办公、购物、观光、文化娱乐和旅游等多种公共活动功能。 副中心共有四个，分别是徐家汇、花木、江湾—五角场、真如。徐家汇副中心主要服务城市西南地区，规划用地约 2.2 平方公里；花木副中心主要服务浦东地区，规划用地约 2.0 平方公里；江湾—五角场副中心主要服务城市东北地区，规划用地约 2.2 平方公里；真如副中心主要服务城市西北地区，规划用地约 1.6 平方公里	优化中心城功能 增强高端要素集聚和辐射能力，提升综合服务功能，改善环境品质，充分展现国际大都市形象和魅力。 提升高端服务功能。推进以陆家嘴—外滩为核心，涵盖北外滩、南外滩在内的中央商务区(CBD)发展，发挥南京路、淮海路、环人民广场等高端商务商业功能，增强大都市繁荣繁华魅力。强化城市副中心辐射能力，发展徐家汇知识文化综合商务区，突出五角场科教创新优势，提升真如—长风地区商务功能，推动花木及世纪大道沿线发展高端商务服务。促进城市公共中心分工协作和功能多元，赋予景观休闲和文化展示等内涵。 推进城区升级改造。继续推进旧区改造，基本完成城中村改造。加强城郊接合部公共服务和基础设施配套，推进环境综合整治，促进工业用地、仓储用地二次开发。加强环城绿带和生态间隔带建设，合理控制中心城规模，提高城区环境品质。 加强跨行政区统筹管理。加强交通、市政、社会事业等公共资源统筹协调和共建共享，建立跨行政区环境综合整治的长效机制，消除区际接合部管理盲点，提高社会管理和公共服务保障能力
上海市城市总体规划（2017—2035 年）	**北京城市总体规划（2016 年—2035 年）**
完善“城市主中心（中央活动区）—城市副中心—地区中心—社区中心”的公共活动中心体系以提升全球城市功能和满足市民多元活动为宗旨，结合城乡空间布局，构建由主城区、郊区两类地域和城市主中心（中央活动区）、城市副中心、地区中心、社区中心等四个层次组成的公共活动中心体系。主城区公共活动中心体系由城市主中心（中央活动区）、主城副中心、地区中心、社区中心等四级构成。郊区公共活动中心体系由新城中心 / 核心镇中心、新城地区中心 / 新市镇中心、社区中心等三级构成。 1. 突出城市主中心（中央活动区）的全球城市核心功能 2. 强化城市副中心的综合服务与特定功能 3. 完善地区中心的本地服务功能 4. 增强社区中心的生活服务功能	第 35 条 完善长安街及其延长线 长安街及其延长线以国家行政、军事管理、文化、国际交往功能为主，体现庄严、沉稳、厚重、大气的形象气质。 1. 以天安门广场、中南海地区为重点，优化中央政务环境，高水平服务保障中央党政军领导机关工作和重大国事外交活动举办。 2. 以金融街、三里河、军事博物馆地区为重点，完善金融管理、国家行政和军事管理功能。 3. 以北京商务中心区、使馆区为重点，提升国际商务、文化、国际交往功能。 4. 加强延伸至北京城市副中心的景观大道建设，提升东部地区城市综合功能和环境品质。 5. 整合石景山—门头沟地区空间资源，为城市未来发展提供空间

资料来源:《上海市城市总体规划（1999—2020）》《上海市国民经济和社会发展“十二五”规划》《上海市城市总体规划（2017—2035 年）》《北京城市总体规划（2016 年—2035 年）》

“上海 2035”从文本内容来看，还是具有传统规划表达的影子，而北京城市总体规划的表达则有所提升。

4.4 使用主旨型条标突显政策要点

条标是设在篇章节条的标题，分为主旨型标题和归类型标题，主旨型标题揭示文字的内涵。这种形式的标题，高度概括全文内容，往往就是文章的中心论点。它具有高度的明确性，便于读者把握全文内容的核心；归类型标题交代文字的外延，这种形式的标题，从其本身的角度看，看不出作者所指的观点，只是对文章内容的范围做出限定。

传统的总体规划文本有时采用条标，但以归类型标题为主。而政策性文件多用主旨型条标，这类条标揭示文字的内涵，高度概括全文内容，往往就是文章的中心论点。它具有高度的明确性，便于读者把握全文内容的核心。相对于城市总体规划的技术性思维，国外总体规划层面的规划及发改委主导的规划多采用主旨型的标题。这种倡导型的表达更有利于政策内容的表达与传播。[17]

“上海 2035”的条标采用主旨型条标，每一条条标都可以成为一个政策要点（图 8-4）。

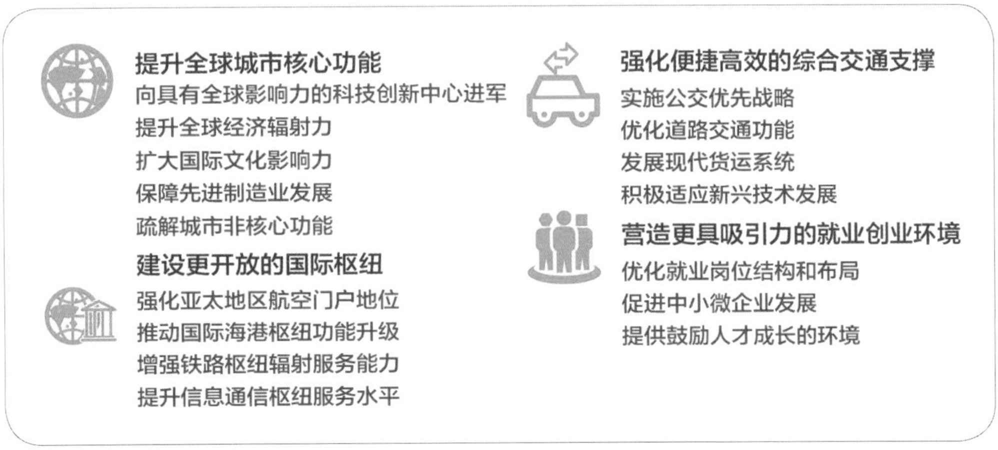

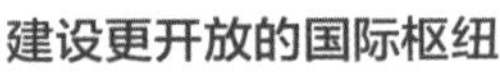

图 8-4 “上海 2035”的条标
资料来源：《上海市城市总体规划（2017—2035 年）》

17. 王新哲 . 新时期城市总体规划编制变革的实践特征与思考 [J]. 城市规划学刊 ,2018(3):65-70.

4.5 明确可考核、可操作的指标体系

作为评估城市发展绩效的重要手段，总体规划中的指标体系具有定量评价、动态监测、预警响应和决策支撑的重要作用，越来越成为世界各大城市进行规划管理和日常监测的有力工具[18]。在国土空间总体规划中建立指标体系已经成为共识。

"上海 2035"建立了指标体系，成为各部门达成事权共识的重要平台；成为衡量城市发展水平的核心表征；成为实现城市动态监测的关键方法；成为促进社会响应与市民关注的有力抓手[19]。更为重要的是，规划形成了"从指标到策略"的规划逻辑，实现"目标—指标—策略"的完整、连续、闭合。

5 结语

空间规划体系改革进一步强调了规划的严肃性以及依法行政、依规管理，规划成果居于编制、审批、实施、监督的核心地位，规划的使用者、公众更多地是从规划成果得到规划意图，而不能过多依靠编制、审批者的解释。更要防止曲解、恣意地诠释成果。必须加强对规划成果的规范，精准表达规划意图。

18. 江志勇 . 城市总体规划指标体系系统运用研究——国内外实证比较研究 [D]. 深圳 : 深圳大学 ,2011.
19. 范宇 , 石崧 , 张一凡 , 等 . 目标与实施导向下的总体规划指标体系研究 [J]. 城市规划学刊 ,2017(7):75-81.

第 9 章

国土空间总体规划传导体系中的语汇建构：精准表达、规范用语、分组建构[1]

规范化的词汇用语既是研究交流的基石，又是厘清概念、梳理传导方式的关键。可通过三个维度进行语汇构建：从用地、结构、管控、控制线、设施五个方面构建分层分级的规划概念；根据管控力度，提出愿景性内容、约束性规则和强制性规则所对应的不同用语建议；构建不同行政等级事权的控制词汇。

2019 年《若干意见》确定了分级分类建立国土空间规划的总体框架，国家、省、市县编制国土空间总体规划，明确了各级国土空间总体规划的编制重点。同时，对规划操作性提出了新要求，各级各类国土空间规划编制和管理的要点、实施传导机制等，仍在讨论阶段。其中，国土空间总体规划既是原城乡总体规划的延续，又是对原城乡总规体系根本性的改革，国土空间总体规划传导体系的建立，成为当前空间规划关注的热点。

国土空间总体规划传导体系的建立，一是必须明确传导的内容和传导的方式，二是选取正确的词汇、图表去表达，传导内容的确定是表达准确的前提，而词汇体系的构建又反过来助推传导内容的梳理。目前，大批学者就传导的内容和传达方式已经进行了大量探索，研究结论包括但不限于：需要构建分层分

1. 本文部分内容引自：王新哲，薛皓颖 . 国土空间总体规划传导体系中的语汇建构 [J]. 城市规划学刊 ,2019(S1):9-14. 有扩充、修改。

类分级的规划管控体系[2]；需要统筹“区域”型和“要素”型两类国土空间开发保护制度[3]；多规合一需要各部门在界定清晰的空间和职能领域进行细化工作[4]，广泛的学术讨论在核心理念上取得了基本共识。但是，国土空间总体规划作为法定规划的正式文件，在编制过程中，所有分层分级的概念、控制力度的变化、事权传递关系都需要有专业的规范化的用语准确表达。因此，准确理解规划的传导内容，并总结经验，选取合适的词汇标准，正是本研究的核心所在。

1 空间规划改革

1.1 不同层级间的协调问题是空间规划改革的焦点

随着机构的整合，原来多规不合一的基础自然消失，但各部门之间的规划内容、工作方式需要磨合，上下级政府间的博弈关系也仍然存在，各层级之间的协调协作依然是空间规划体系制定的焦点。

近年来广州、厦门等城市已经形成了较为成熟的多规合一的技术手段，但事权不清，各类规划之间的越位、错位、“贪多求全”问题导致规划内核难以合一[5,6]。空间规划统一后，原职能部门的工作均有继承，对原有冲突事权的厘清，规划内容的细分以及与原有工作的对应关系的梳理成为当前空间规划内容制定的一大难点。

除了部门间的博弈，中央政府（省政府）和城市政府的博弈关系更是空间规划纵向传导的核心议题。城市空间作为政府可干预的重要资源，资源发展权是各级政府博弈的焦点[7]，高层级政府通过空间规划进行府际关系调整，来实现新的责、权、利关系平衡[8]。2018 年 11 月，国务院发布的《中共中央 国务院关于统一规划体系更好发挥国家发展规划战略导向作用的意见》，明确要求坚持

2. 许景权，沈迟，胡天新，等．构建我国空间规划体系的总体思路和主要任务 [J]. 规划师，2017(2):5-11.
3. 林坚，刘松雪，刘诗毅．区域—要素统筹：构建国土空间开发保护制度的关键 [J]. 中国土地科学，2018,32(6):1-7.
4. 朱江，邓木林，潘安．“三规合一”：探索空间规划的秩序和调控合力 [J]. 城市规划，2015,39(1):41-47,97.
5. 谢英挺，王伟．从“多规合一”到空间规划体系重构 [J]. 城市规划学刊，2015(3):15-21.
6. 顾朝林．论中国“多规”分立及其演化与融合问题 [J]. 地理研究，2015,34(4):601-613.
7. 袁奇峰，谭诗敏，李刚，等．空间规划：为何？何为？何去？[J]. 规划师，2018(7):11-17,25.
8. 张京祥，林怀策，陈浩．中国空间规划体系 40 年的变迁与改革 [J]. 经济地理，2018,38(7):1-6.

下位规划服从上位规划、下级规划服务上级规划、等位规划相互协调。因此，各层级规划到底下放多少，上收多少，是纵向传导体系的制定关键。

1.2 “分级、分层、分类”的规划控制体系

传统的城市总体规划是以“中心城区”为规划对象的，虽然城市的层级不同，但不存在层叠现象。以《城市规划法》演变成《城乡规划法》为标志，“城乡规划”时代确立，市县域总体规划真正将总体规划全覆盖，造成了不同级别的城市与县、乡镇与乡村的规划叠合，城市规划界才开始重视规划的传导问题。而今，国土空间总体规划的确立更是要求在多层级进行全域管控，为实现各层级政府在叠合空间的不同规划任务，对规划体系提出了“分级分层”的管控要求。各层级规划需要参照事权“分层分级”进行分度约束，并按照分层管控的内容和约束性相应执行规划审批、修改[9]。

在空间规划体系确立以前，总体规划编制改革的研究就大量聚焦于“分级、分层、分类”的研究，成都市新一轮总体规划开展了强制性内容分级管控的探索，建立了对应国、省、市管理事权的三级管控体系，明晰了强制性内容分级分类的依据，探索了总体规划强制性内容的成果表达形式和分级管控内容修改的规则等。[10]

其一是管控要求层级传导，从而实现多层级控制体系的建立。但是，在规划实践中，大量“空间类”管控是从“总体模糊到局部清晰”的过程，因此不同于数字类管控，其无法通过简单的逐级分解来实现[11]，而需要建立一套分级分层的控制内容的术语体系，清晰界定各级管控的力度和规则，指导各层级政府落实、实施和监管。

其二是区分国土空间总体规划中的不同控制内容，使规划的刚性和弹性内容切实起到指导实施的作用。过去的总体规划中对不同控制类型的内容缺乏结构化的表述，影响了规划政策的操作性[12]，存在大量案例，由于不能弹性地理解总规用地布局，导致不必要的行政浪费。国土空间总体规划强调底线约束，要

---

9. 董珂，张菁 . 城市总体规划的改革目标与路径 [J]. 城市规划学刊 ,2018(1):50-57.
10. 胡滨，曾九利，唐鹏，等 . 成都市城市总体规划强制性内容分级管控探索 [J]. 城市规划 ,2018 (5):94-99,105.
11. 董珂，张菁 . 加强层级传导，实现编管呼应：城市总规空间类强制性内容的改革创新研究 [J]. 城市规划 ,2018 (1):26-34.
12. 张昊哲，宋彦，陈燕萍，等 . 城市总体规划的内在有效性评估探讨：兼谈美国城市总体规划的成果表达 [J]. 规划师 ,2010(6):59-64.

求规划注重操作性，即包含了对规划内容进行结构化分层的任务要求，在规划中建构基于控制力度的词汇体系，是厘清管控内容的首要工作。

2 语言表达与话语分析

2.1 城市研究与城乡规划中的语言表达

一套完整规范的术语既是学科发展的基础，又是学科成熟的标志。同样，一套规范的用语也是国土空间总体规划体系建构和管理、学术交流的基础。周一星教授曾指出：别人也许认为“基本概念”是最简单、最低级的问题，在笔者看来却是最基础、最重要的问题。没有正确和统一的城市基本概念，就谈不上城市研究，就没有城市科学，就弄不清城市和乡村的基本国情，就不会有正确的决策[13]。

在国内外城市规划历史上，曾出现很多如世界城市（World City）、全球城市（Global City）、城市化、城镇化、新城等重要的概念，这些概念都是人们日常使用的词汇，但在学术、政策语境里都有其特定的含义，起到了达成共识、统一认识的过程。在规划变革时期，新体系新概念层出不穷，重审基本概念，梳理概念关系，是当前最紧要的工作。

国土空间总体规划就是当前空间规划体系构建中产生的新概念，一方面需要对其内涵、定义，国内外的差异作进一步研究阐述；同时，作为一个规划类型，在界定其编制方法、成果内容的时候亟需一套语汇体系。由于国土空间总体规划分级分类的制定模式，各层级规划的定义和概念存在相似性、递进性，因此，在构建国土空间总体规划语汇体系中，创建一套基于术语词汇的传导体系以区分相似概念、表达传递关系是尤为重要的，而这也恰恰是当前规划体系所缺失的，或许是理清思路的突破口。

2.2 话语分析

话语是一套观察和理解世界的体系，不同的人通过话语进行互动并不断更

---

13. 周一星 . 城市研究的第一科学问题是基本概念的正确性 [J]. 城市规划学刊 ,2006(1):1-5.

新话语体系。在公共政策领域内，不同话语体系中的人对同一政策问题形成不同的理解方式和表述方式。话语分析（discourse analysis）源于语言学，20 世纪 50 年代出现，70 年代发展为一门新的学科，就是从不同的话语体系视角去探讨社会发展的现象的方法。[14]

规划方面的政策文件、规划文本越来越受到关注，对于文件本身的话语分析成为规划研究的一个重要分支。魏立华、梁秋燕以《中共中央 国务院关于进一步加强城市规划建设管理工作的若干意见》为例，分析城市规划话语建构的"后现代性"转向。梁秋燕、丛艳国、魏立华以《广州市城市总体规划（2011—2020 年）》文本为例，探索了城市总体规划难以向公共政策转型的原因，发现规划的内容体系庞杂混乱，归属政策性属性的内容在规划文本的"条文"范式下难以发挥作用，提出了以"法定性、政策性、引导性"内容进行分类的改革思路。[15] 杨迪对重庆市历版总体规划进行文本分析，从而反映四版重庆市城市总体规划的话语特征与转变过程。[16]

空间规划体系改革进一步强调了规划的严肃性以及依法行政、依规管理，规划成果居于编制、审批、实施、监督的核心地位，对于规划成果提出了更高的要求。规划的使用者、公众更多的是从规划成果得到规划意图，而不能过多依靠编制、审批者的解释。[17]

3 语言表达与体系建构

3.1 法律的规范用语

我国已经建立了较为完善的术语规范方法和立法语言规范，为科学及法律范畴的事物建立严谨的语言体系。2017 年修订的《规章制定程序条例》第八条规定：规章用语应当准确、简洁，条文内容应当明确、具体，具有可操作性。

---

14. 魏立华，梁秋燕．公共政策文本的话语分析及城市规划话语建构的"后现代性"转向：以《中共中央 国务院关于进一步加强城市规划建设管理工作的若干意见》为例 [J]. 南方建筑 ,2017(5):82-87.
15. 梁秋燕，丛艳国，魏立华．城市总体规划文本改革的话语分析与转型：以《广州市城市总体规划（2011—2020 年）》文本为例 [J]. 规划师 ,2019,35(2):38-44.
16. 杨迪．重庆市历版总体规划的文本分析与观念转变研究 [J]. 城市规划 ,2022,46(7):12-23.
17.《城市规划学刊》编辑部．"构建统一的国土空间规划技术标准体系：原则、思路和建议"学术笔谈（一）[J]. 城市规划学刊 ,2020(4):1-10.

空间规划的用语规范虽然基础较为薄弱，但通过借鉴法律、现有规划相关规章和规划中的创新实践，对国土空间总体规划的词汇构建和用语规范能有所启发。

在法律语言规范化的工作中，既需要法律领域的研究，又需要语言学领域的力量，在规划学科中亦是如此。首先，很多近义词意义相近，但通过深入理解词汇间的细微差别，可以准确描述同一件事物或行为的程度差别。2009 年及 2011 年人大常委会法工委发布的《立法技术规范（试行）》对法律常用词语的使用作出规范，区分意思相近的、容易引起歧义的词语。例如，“依照”“按照”“参照”三个词的使用说明，规定以法律法规作为依据的，一般用“依照”；“按照”一般用于对约定、章程、规定、份额、比例等的描述；“参照”一般用于没有直接纳入法律调整范围，但是又属于该范围逻辑内涵自然延伸的事项。

其次，对于特定的人为制定的规则，为了采用精练、高度概括的词汇来表达复杂内容，可以出现生造词。例如，在《中华人民共和国工会法》中“拨缴”一词，与“工会经费”搭配使用，专用于表达工会经费所专属的特定的缴纳方式。规划中的对象类型多，对象关系复杂，其匹配的引导和管控策略也同样需要大量创新，生造词在国土空间总体规划体系的词汇建构中是可以科学应用的。

3.2 土地利用总体规划传导词汇体系

与城市规划偏重城市空间不同，土地利用总体规划从设立之初就是全域覆盖，不同层级行政单位叠合的，从《土地利用总体规划管理办法》条文中即可清晰看到各层级的规划衔接措施。

每个层级的规划首先明确对上、对己、对下的行政任务，省一级“落实”国家任务，并对下提出“调控”，对己则不作具体安排；市县两级基本可以分为对上级规划的“落实”、对本级的“安排”、对下级的“调控”；到乡镇和村两级仅留下“落实”的任务要求。文件中对事权关系的用语表述反映了土地利用总体规划的上下传导关系，重点在市县两级落实了规模、结构、管控规则。

对不同层级的土地利用管制的力度与尺度也各有不同。文件中有特征区分显著的工作内容表述，如省级规划为“土地利用的主要方向”、市级规划为“土地利用的功能分区”、县级规划为“土地用途管制分区”。对于作为土地利用规划的重要部分的基本农田，各个层级形成“基本农田集中划定区域”—“基本农田保护区”—“耕地、基本农田地块”的序列，既明确对各级实际划定工作作出指导，又反映了土地利用规划从指标管控到区块管控再到地块管控的逐级细化的特征（表 9-1）。

表 9-1 《土地利用总体规划管理办法》中的内容传导

省级	市级	县级	乡（镇）	村
（一）国家级土地利用任务的落实情况	（一）省级土地利用任务的落实	（一）市级土地利用任务的落实	（二）县级规划中土地用途分区、布局与边界的落实	（一）乡（镇）规划中土地用途分区、布局与边界的落实
（四）对市级土地利用的调控	（五）对县级土地利用的调控	（五）对乡（镇）土地利用的调控		
（三）各区域土地利用的主要方向	（二）土地利用规模、结构、布局和时序安排	（二）土地利用规模、结构、布局和时序安排		
	（三）土地利用功能分区及其分区管制规则	（三）土地用途管制分区及其管制规则		
（二）重大土地利用问题的解决方案	（四）中心城区土地利用控制	（四）中心城区土地利用控制		
	（六）基本农田集中划定区域	（六）基本农田保护区的划定	（一）耕地、基本农田地块的落实	
		（七）城镇村用地扩展边界的划定	（四）镇和农村居民点用地扩展边界的划定	（二）农村集体建设用地的安排，农村宅基地、公益性设施用地等的范围
（五）土地利用重大专项安排	（七）重点工程安排	（八）土地整治的规模、范围和重点区的确定	（五）土地整治项目的安排	
			（三）地块土地用途的确定	（三）不同用途土地的使用规则
（六）规划实施的机制创新	（八）规划实施的责任落实			
	前款第四项规定的中心城区，包括城市主城区及其相关联的功能组团，其土地利用控制的重点是按照土地用途管制的要求，确定规划期内新增建设用地的规模与布局安排，划定中心城区建设用地的扩展边界			

资料来源：作者根据《土地利用总体规划管理办法》整理

3.3 上海 2035 总体规划的传导词汇体系

“上海 2035”在文本结构和内容表达上都作出一系列创新。规划内容体现了规划兼具战略引领、结构控制和实施管控的特征。同时，借助上海规土合一的管理优势，将总规由规定性技术文件转变为战略性空间政策，建立了“目标（指标）—策略—机制”的成果体系。[18]

对于控制线的划定，上海首先在城市开发边界作出“划示”的概念创新，有效区分了市、区、街镇各级的主体事权，下放了划定城市开发边界的工作和管理任务，同步配套相关管控政策，以保证刚性与弹性兼顾，实现规划在战略引领和政策管控上的统一。“四线”（“上海 2035”在“三线”的基础上增加文化保护控制线）划定上也体现了同样的工作方针，市级层面划定的“四线”对应“结构线”，起到定规模、定系统、定布局的作用；区级划定政策区“控制线”，强调主要功能区块落地和相关控制指标；镇一级划定地块“图斑线”，实现“四线精确落地、图斑管理”[19]（图 9-1）。同时，上海市《关于落实“上海 2035”，进一步加强四条控制线实施管理的若干意见》中明确了依托空间规划体系，深化“四线”空间落地，各层级规划均有局部优化调整的权限。

在用地布局技术手段上，改变了原有按照用地分类标准对应功能进行划分的用地分类方式，而是运用“功能分区＋政策属性”的思路，突出用地的主体功能的政策导向。用地分类不再限于原有的“居住用地”“工业用地”等表达，

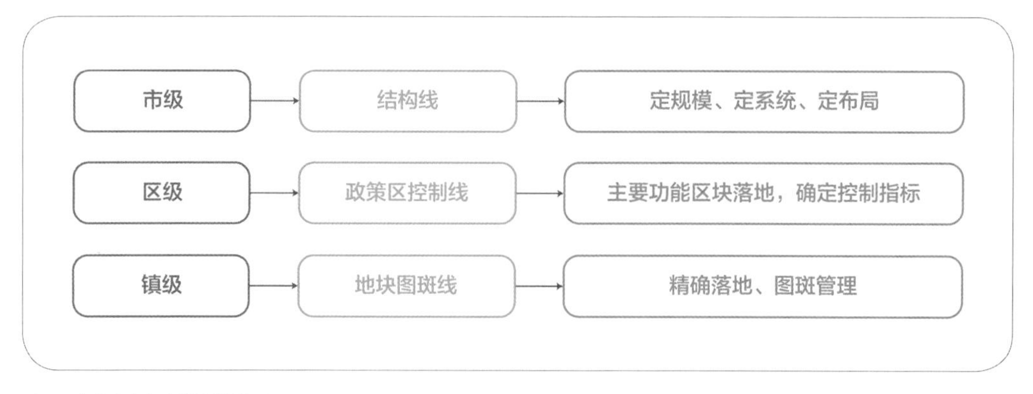

图 9-1 上海空间规划控制线体系

18. 庄少勤 . 迈向卓越的全球城市：上海新一轮城市总体规划的创新探索 [J]. 上海城市规划 ,2016(4):1-8.
19. 熊健，范宇，宋煜 . 关于上海构建“两规融合、多规合一”空间规划体系的思考 [J]. 城市规划学刊 ,2017(S1):42-51.

转变为了“产业社区”“生态修复区”等指向政策意图的表达方式。既保证了对实施性规划编制的指导性，又避免了总体规划层面对用地功能的“过度”规定造成实施管理中的矛盾[20]（图 9-2）。

图 9-2 上海市城市总体规划图例
资料来源：《上海市城市总体规划（2017—2035 年）》

3.4 国土空间规划体系中的概念与术语建构问题

术语是通过语音或文字来表达或限定专业概念的一种约定性符号。[21] 是在一些专业（行业）领域内表达概念的一种通行的语词方式。人们在认识事物的过程中，通过观察、分析、推理等思维方式，把客观事物的本质属性加以抽象概括，形成概念。术语依附概念产生与消亡，是概念的载体。

城乡规划时代已经形成系列总体层面规划的概念与术语，如以城市总体规划为基础，向市域扩展为城镇体系规划（城乡规划将市县域城镇体系规划纳入总体规划），在省域和全国层面为区域规划，包括全国城镇体系规划、省域城镇体系规划等，向下延伸至镇规划，同时在城区内的次区域设立分区规划类型。由此形成了差异化的概念与术语体系，便于区分各自的工作范畴、设计深度。空间规划体系下，总体层面的规划统一为“国土空间总体规划”，强调了概念、术语的统一性与整体性，但也弱化了各层级之间的区别。要求更加精准地区分各层级之间的区别，甚至是同一概念、术语在不同层级间的差别。如本书第 6 章探讨了“开发边界”这一概念在各个层级之间的分异。严格来讲，开发边界

---

20. 张尚武，金忠民，王新哲，等. 战略引领与刚性管控：新时期城市总体规划成果体系创新——上海 2040 总体规划成果体系构建的基本思路 [J]. 城市规划学刊，2017(3):19-27.
21. 刘青，黄昭厚. 科技术语应具有的若干特性 [J]. 科技术语研究，2003,5(1):22-26.

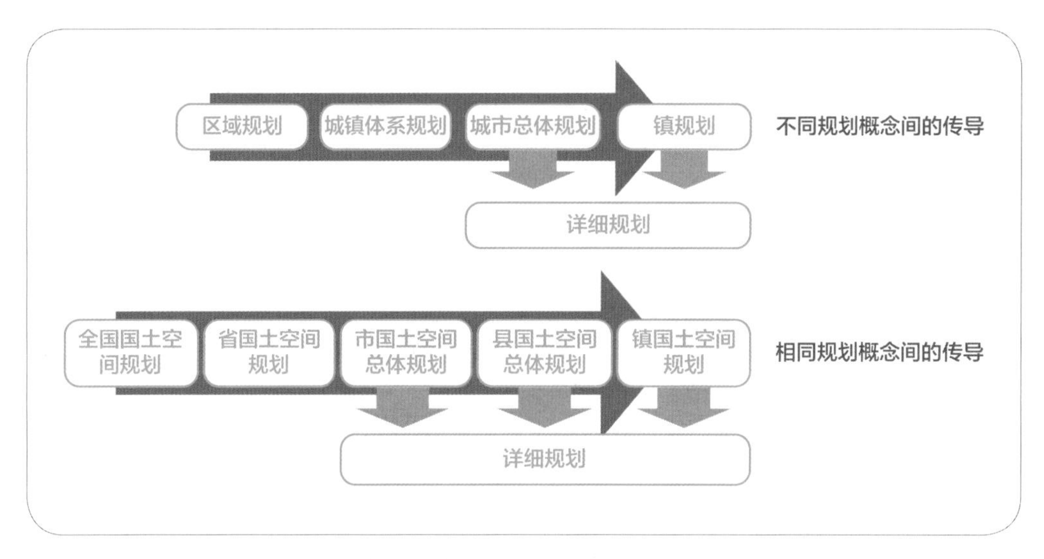

图 9-3 总体规划体系从一组不同概念到一组相同概念的转变

这一概念应该只存在于县级这一特定的总体规划层面，其他层级规划应该构筑有所区别的概念术语。就传导体系来说，城乡规划体系下不同规划概念间的传导比空间规划体系下相同概念间的传导更加容易理解（图 9-3）。

4 国土空间总体规划传导体系的词汇建构

4.1 基于分层分级的规划概念词汇建构

对于空间的管控是国土空间总体规划的核心内容，传统的控制工具为用地分类、边界管控、指标管控等。分层分级的国土空间总体规划体系增加了传统控制工具的纵向维度，应建立多层次、多精度、多力度的术语体系，体现各层级管控政策的差异，增强规划的操作性，避免各层级规划的重复与冲突。

4.1.1 用地：从分类到分区

用途管制是基于土地分类体系进行的，长期以来国土、城市规划采用用地分类体系，用地分类在具体的建设项目许可中较为成熟，但在大尺度的总体规划中，必定会出现用地功能的复合、现状非主导功能的融合以及预留规划弹性的需求。自然资源部空间规划的初步方案中，创新性地提出了用地分区的概念，其概念更为广泛，既可以是根据主导功能、主导用途划定的功能性分区，根据功能属性进行详细规划管理，又可以是政策性分区，用于指导政策的空间落实，或为下一级规划提供政策框架。

如何在用地分类体系基础上，引入政策性分类是历次用地分类规范修编时都会被提及的问题，分区与分类在不同层级的规划体现使得这种思路得以落实。政策性的分区是一个政策目标与控制条件之间“承上”与“启下”的媒介[22]，“承上”可落实上级规定，细化政策框架；“启下”可作为依据转化为功能性分区，或为下一级用地分类提供结构性意见。从分类到分区，大大延伸了用地管控的强度韧性，为全域的多层级指导提供实际操作方案。

4.1.2 结构：从布局到格局

用地的结构控制是国土空间总体规划的主要内容，传统城市规划和土地利用规划只关注具体的用地布局，大尺度及结构性的控制较少，“结构图”也往往停留于分析图而不具有控制性。

格局是对认知范围内事物的认知的程度，它一方面用以形容人的人格、气度、胸怀，另一方面反映物体的空间结构和形式，相对于“布局”，它更加突出相对关系和整体结构。由“格”到“布”，体现了从宏观骨架到精细搭建的规划生成过程，反映了上层级的战略协调到下层级的空间落实的事权传递内涵。本次空间规划改革，“格局”一词被反复提及，也体现了规划改革对于结构控制等战略性内容的重视，又与“布局”形成深度上的区分，是结构控制的分层分级概念的精准表达。

4.1.3 管控：从三线到三区

“三区三线”成为国土空间总体规划的核心内容已成为共识，“区”突出主导功能的划分，是政策区；“线”侧重边界的刚性管控，是许可线。在传统意义上，三线和三区是两类工作，而非两级层次，三线和三区往往存在“区包含线”的空间关系，却不存在“区推出线”的逻辑关系。显而易见的是，“区”的范围比“线”围合的范围大。在当前国土空间总体规划的传导体系中，“区”

---

22. 程遥 . 面向开发控制的城市用地分类体系的国际经验及借鉴 [J]. 国际城市规划 ,2012,27(6):10-15.

大可以作为“线”调整的限定条件之一，可以作为“线”的上位管控，对“线”的划定进行范围管控，提供管控的空间依据。

4.1.4 控制线：从图斑线到控制线、结构线

三线的划定办法虽然还未出台，但可以明确，某一级空间规划所划定的“基准线”是有且仅有的，用于直接指导详细规划，而其他层级的三线用于指导下一级的国土空间总体规划，并非落实坐标的“准线”。因此，在国土空间总体规划体系中，必须进行控制线的分类分级划定。

新修订的城市规划编制办法及各地的全域规划试点并没有解决不同层级规划的划定问题。从目前的试点经验来看，“上下联动”成了一条经验，这实际是对下层级政府事权的上收，如果还允许下级规划进行调整，则有悖于规划的刚性控制原则。

因此，参考“上海2035”的创新经验，使用“结构线”“控制线”到“图斑线”，从“划示”到“划定”，区分各层级控制线的虚实不同，从而明确各层级规划的任务、权限、控制精度，充分体现了分层分级控制的思想，可有效避免各层级规划的冲突与规划反复修改的问题。

4.1.5 设施：从一般到要素

城市公共设施是国土空间总体规划的主要内容之一，《城市规划编制办法》采用罗列的方法规定城市总体规划要提出主要的公共设施的布局；确定主要对外交通设施和主要道路交通设施布局；确定电信、供水、排水、供电、燃气、供热、环卫发展目标及重大设施总体布局；确定综合防灾与公共安全保障体系等。但设施并不是各级国土空间总体规划必须都要纳入的，在城市总体规划改革期间，产生了不同的关于此部分的内容、深度的观点。住建部关于城市总体规划编制试点的指导意见里提出了“要素配置”的概念，将主要、重要公共设施概括为“要素”，是对这一内容的相对较为准确的概括。

“要素”有多种含义，在空间规划、在城市管理中可赋予其特定的含义：组成城乡系统的基本单元，支撑城乡空间的必不可少的因素。要素具有相对性、层次性，相比单个设施的唯一“所指”，要素是某一类设施“能指”的集合，在上级层面可以更为灵活地采用多种规划方式进行要素的统筹安排。

4.2 基于控制力度的规划词汇建构

4.2.1 国土空间总体规划是愿景性内容与规则性内容的高度融合

（1）国土空间总体规划作为公共政策

城市规划是一种公共政策，已经在学界取得广泛共识。“政策文件”与“法律文件”作为公共政策的载体，也是城市规划的两种表现形式，有着不同的特征[23]。“政策文件”的内容包括“指示、决定、通知、指引”等，强调目标愿景和政策引导；“法律文件”的内容是“法律、规章、条例、命令”等，强调规则和管控。两类内容在城市规划中缺一不可。

过去的总体规划存在着严肃性、实施性不强，弹性与刚性内容不够明确合理等问题，《城市规划编制办法》等文件也未能对城市规划的各类内容作出明确定义[24]。一方面，为保证当前国土空间总体规划的严肃性和权威性，应当进行“法条化”工作，加强总规的强制性约束。但与此同时，规划（planning）作为一种在时空上动态的活动和过程，它与法规是有明确区分的，其面向未来的属性决定了规划的目标导向以及动态变化的特质。在过去的工作中，甚至由于对于法定性的误解，“总规”编制在“法定”概念下“战略导向”和“政策载体”功能大为丧失[25]。因此，在国土空间总体规划的改革中，需要使规划向可实施的公共政策方式转变。

（2）愿景性内容

愿景信息是“政策声明”（policy statement）的重要组成部分。张昊哲提出规划文本的愿景要素包括两个信息层次：其一是价值观信息层；其二是城市未来形象信息层[26]。在总体规划中，通常会分析城市的资源禀赋、现状问题，继而推断发展趋势，提出未来愿景等，这些内容是规划工作者准确把握城市发展方向，进行资源的空间分配的重要基础，也统一了政策实施者的思想理念和行动原则。例如，《关于编制上海新一轮城市总体规划的指导意见》中“明确未来上海发展目标定位”和“树立科学的发展导向”就对上海市总体规划的愿景性内容规划提出了明确要求。

---

23. 赵民，雷诚 . 论城市规划的公共政策导向与依法行政 [J]. 城市规划 ,2007(6):21-27.
24. 彭高峰，刘云亚，韩文超 . 公共政策导向下城市总体规划“法条化”探索：以广州市为例 [J]. 城市规划 ,2017,41(4):9-15.
25. 赵民，郝晋伟 . 城市总体规划实践中的悖论及对策探讨 [J]. 城市规划学刊 ,2012(3):1-9.
26. 张昊哲 . 我国城市总体规划文本中环境政策表达技术研究 [D]. 哈尔滨：哈尔滨工业大学 ,2011.

（3）规则性内容

规则性内容在法定规划中起到关键作用，它的存在为城市有序建设提供了重要的法治依据。空间规划概念的提出本身就多次强调了其管制作用，并明确需要划定生态保护红线，永久基本农田保护红线，城镇开发边界三条红线，同时推出评价预警系统以保证监管的实施。不难想象，在国土空间总体规划中会有大量的法规内容需要规划人员根据实际情况从严界定，而规划人员又必须依照上位空间规划所制定的规则来界定。不同层级间的法规传导需要弹性和制约的高度平衡，同时要求上位规划在成果文本中能准确表达这种平衡关系，下位规划能准确表达落实情况，以保证重要法规内容的有效传导和高效监管。

规则性内容，又可分为约束性规则和强制性规则。

在法律中，不确定性的法律概念是非常常见的（如“适当的”“相应的”“过失”“重大疏忽”），立法中使用不确定的法律概念，为法律规则确立了比较大的适用范围和量裁空间，从而使法规具备灵活性，能够长期应用于变化中的社会。

法律尚且重视不确定性概念，空间规划这样一个本身具有不确定属性的产物，更应该充分利用模糊规则，对下位提供既具有约束性，又同时给予弹性空间的规则。

4.2.2 构筑不同控制力度的词汇体系

文本中，应当对不同控制力度的词汇和句式加以区分，以明确表达愿景性内容、约束性规则及强制性规则。尤其在规划中涉及规则制定时，应当采用与其控制程度相匹配的动词，以清晰区分该条目是为下位规划确定规则制定的范畴，抑或是明确为法规形式的确切坐标范围。

首先，情态动词在法律规范中的应用已经较为成熟。表示很严格，非这样做不可的用词：正面词采用“必须”，反面词采用“严禁”。表示严格，在正常情况下应这样做的用词：正面词采用“应”，反面词采用“不应”或“不得”。表示允许稍有选择，在条件许可时首先应这样做的用词：正面词采用“宜”，反面词采用“不宜”。除了情态动词外，动词和名词也可以反映不同的控制力度，匹配约束性规则和强制性规则。

其次，约束性规则虽然“模糊”但也是规则，是具有约束力的，其空间定位同样需要使用专业术语，以保证规则概念的上下统一；而与精准落位的强制性规则的区别在于，其专业术语中包含的规则是原则性的且具有弹性的，可以判断大是大非，但是非的界线是相对灵活的。例如“生活圈”要求公共服务设施的配置能够在一定时间范围内服务到圈内各类人群，区分了等级关系，相对距离，同时给实际的设施规模、设施选址、交通提升方式等留出了充足的弹性；又如“生态廊道”，绿地景观的规范中，对景观连续性、生物多样性程度等匹配关系有明确说明，但同时给实际绿地选址，绿道宽度等实际建设内容留出弹性；又如“功能分区”，功能分区对某片区的主要功能有比例下限的规定，并且通过划示能够显示该功能片区与周边功能片区的空间相关关系和规模相对关系，但对于地块用地属性，地块位置边界等未做规定，为下一层级留出弹性。

相对而言，强制性内容则应当是全方位准确的。行为是准确的，指代和其对应的行为规则是准确的，数量和空间定位是准确的，边界线与地形图精准匹配。

4.3 基于行政事权传递关系的规划词汇建构

如何能体现上位规划到下位规划的意图的传递，明确区分规则到规则的传导落实，从而对各级规划事权和实施行为在一定范围内起到合理的指导作用是国土空间总体规划编制的重要议题。除非处于顶层和最基层的规划层级，各级规划在本级事权内容之外，均需要上承下达。土地利用总体规划管理办法中，对于上级规划的“落实”、对于下级规划的“调控”、对于本级规划的“安排”就是典型的事权传递。

分区指引是“上海 2035”“1+3”成果体系的重要组成部分，是编制分区总规的操作性技术手册，基于行政事权的传导关系建构是其重要任务，其明确规定了分区总规的任务：“落实”表示必须严格遵守的内容；“深化”表示应遵守并进一步深化与完善的内容；“优化”表示应原则上遵守的内容，可适当作出优化与调整；“明确”表示应在本指引的基础上进一步增加与补充的内容；“研究”表示应在本指引的引导下重点研究的内容。

除了上文提到的落实、明确等词语外，在各编制办法中经常提到的一个词是“提出”，如果将“提出”与“明确”进行对比，“明确”的确定性显然要高于“提出”。目前虽然实施了“多规合一”，但依然有大量的外部规划需要协调，如一个正在研究论证阶段的重大工程在各级规划中的落位，某些需要相关机构确定的名录等。可将“提出”专门用于此类的内容。比如“提出申报省级文物保护单位的名单”。另外，在规划中超出本级行政事权但对于本级规划来说是必须的内容也可以用“提出”，如区域协调的内容等。

在实际的内容编写中，因为语言组织的需要往往会产生多种句式以表达对下指导的内容或是对上深化的内容，尤其是愿景性、引导性内容，表达形式更为丰富。但统一一些词汇，对关键的法规性内容和政策性内容的传导提供明确标记，可以降低审批、实施过程中的内容误导，尤其可以避免过度理解弹性控制，造成不必要的行政成本提升。

5 结语

研究初步基于分层分级规划概念、基于规划控制力度和基于行政事权传递关系提出了一些词汇建构方案，所举的案例和传导内容仅仅是国土空间总体规划的一小部分，词汇背后的实际匹配的定义也只能止于表面。规划本身的复杂性和不确定性，以及中国地域差距导致的规划水平不同，都可能导致实际规划内容与理想定义的偏差，不同用词背后所代表的分级内容的差别、控制力度的差别、事权传递的程度差别，每一项内容的概念判定都是一个极为复杂的课题。

但可以肯定的是，国土空间总体规划体系的科学性和权威性必须建立在用语准确的基础上。合理、准确的概念确立和术语运用是规划学科发展和规划体系改革的重要基石，国土空间总体规划体系的建立为梳理规划概念提供了契机，在创新实践中，逐步厘清概念的过程也正是厘清规划体系的过程。在空间规划改革过程中，应当正视规划中的概念与术语问题，迈出思想改革的第一步。

专栏

上海“2035”技术要点与要求中关于“分区指引”的规定

分区指引是编制分区总规的操作性技术手册，编制分区总规应遵循以下技术要点及要求。其中，“落实”表示必须严格遵守的内容；“深化”表示应遵守并进一步深化与完善的内容；“优化”表示应原则上遵守的内容，可适当作出优化与调整；“明确”表示应在本指引的基础上进一步增加与补充的内容；“研究”表示应在本指引的引导下重点研究的内容。

一、战略引导

战略引导主要包括战略任务、空间格局、特定政策地区三部分指引内容。其中，战略任务强调全市总体规划对分区总规的方向性指引，明确分区总规应关注的核心问题；空间格局和特定政策地区强调全市总体规划对分区总规的空间策略指引，落实和深化全市总体规划对分区空间体系的指引方向的同时，明确对重点发展空间的策略性指引。

二、刚性管控

刚性管控一方面是强调对土地、人口、生态、安全四条底线的约束传导，另一方面是强化对生态保护红线、永久基本农田保护红线、城市开发边界、文化保护红线的落实与深化。其中，土地、人口、生态三条底线更偏重于规模性和空间性的约束传导，在刚性管控中予以落实；安全底线更强调对保障城市安全运行的能源、水资源、防灾减灾、城市安全运行等重大基础设施系统性的约束传导，在系统指引中予以落实。因此，刚性管控主要包括人口规模（人口调控）、生态底线（绿地布局）、用地底线（用地管控）、历史文化四个部分。

三、系统指引

系统指引是协调保障城市活力、魅力、可持续发展能力提升的基础，主要包括生态环境（公共空间网络）、社区生活圈、综合交通、城乡风貌特色（城市风貌特色）、基础设施五个方面。

第 10 章

市级国土空间总体规划总图特点及其应对：多级综合、分级传导、结构图示[1]

本章选取市级规划成果的核心——总图进行研究，总结了地级市规划总图的特点，并结合规划的编制组织方式，对未来可能出现的成果形式进行了预测、分析。地级市规划总图应突出传导性、多级性和结构性，区分内容表达的层级、区划的分类、定位的精度，构筑两个层级的表达体系。

《若干意见》中“市县”被合并描述，需要在相关规程、规定中予以细化，但此两级的差异似乎未得到足够的重视，除笔者曾在 2019 年发表《地级市国土空间总体规划的地位与作用》一文外，少见关于地级市国土空间总体规划的专门探讨。

空间规划体系建立以来，大量学者对市县国土空间总体规划进行了探讨，但大多数都是在定位、理念、方法层面，以成果为导向的研究较少。从既有的规定、研究成果来看，国土空间总体规划的成果可大致归纳为“图、文、数、库”，所谓“文”就是文本、说明书，每个编制规程、指南都会对文本的内容与要求做出规定或指引，但很少对文本说明书的体例与方法做出指引。“数”就是指标体系，这些年研究成果较多，每个编制规程、指南都会有一个附表，但数据的获取、监测是一个需要解决的问题。“库”就是数据库，这是空间规划体系

1. 本文发表于孙施文、朱郁郁主编的《理想空间（第 87 辑）》，标题为《总图猜想：地级市国土空间总体规划总图特点及其应对》，有扩充、修改。

改革较为强调的内容，也有了较为详细的技术规定。“图”就是图纸，是所有规划设计者每天都要从事的工作之一，编制规程、指南都会列出所需的图纸目录，但图纸怎么表达，却使人有些“熟悉的陌生人”的感觉。

既有的研究成果对图纸的表达多从技术层面展开研究，以规划的视角去研究图纸的内容及表达的不多。总图是总体规划的核心图纸，不仅具体反映未来长时间内政府统筹空间资源的愿景与布局，更是直接图示了政府引导城市空间发展的战略导向。詹运洲等总结上海历版总体规划总图及国内外经验，提出规划图纸应向宏观战略维度延伸——加入空间战略类图纸、向多规衔接维度延伸——加入底线控制类图纸、向实施保障维度延伸——优化实施管控类图纸[2]。“上海 2035”成果图纸表达改变了原有总体规划过于追求准确的工程性表达方法，采用更能体现总体规划战略性和政策性意图的示意性和结构性的表达方式。在用地表达方面，改变以具体地类为主的表达方法，采取政策性分类，或者政策性分类与功能性分类相结合的方式[3]。

1 市级国土空间总体规划总图的特点

国土空间总体规划强调全域全要素的管控，“横向到边，纵向到底”。总体规划分为五级，国家级侧重战略性、省级侧重协调性、市县级侧重实施性。“纵向到底”是通过多层级的规划体系实现的，一般认为县级国土空间总体规划是总体规划的基础层，只有到了县级规划才能到“底”，位于底之上的“中间层”的市级国土空间总体规划总图具有明显的传导性、多级性和结构性。

1.1 传导性

作为侧重实施层面的最高层级规划，市级国土空间总体规划起到一个“次区域”规划的作用，分解落实省级国土空间规划要求成为市级国土空间总体规

2. 詹运洲，欧胜兰，周文娜，等. 传承与创新：上海新一轮城市总体规划总图编制的思考 [J]. 城市规划学刊，2015(4):48-54.
3. 张尚武，金忠民，王新哲，等. 战略引领与刚性管控：新时期城市总体规划成果体系创新——上海 2040 总体规划成果体系构建的基本思路 [J]. 城市规划学刊，2017(3):19-27.

划的重要任务。除中心城外，大量的控制都还不是管控的“底”，需要在县级规划甚至镇级规划中进一步落实，上传下导成为市级国土空间总体规划的重要特征。

1.2 多级性

我国行政政区包括地域型、城市型和混合型三类。地域型政区政府职能重点是对“域”的管理。省、地、县和乡等都是典型的地域型政区。城市型政区是随着经济社会发展和城市化进程的推进而衍生的服务于城市经济社会管理功能的政区，管辖对象是城镇人口和产业集聚的聚落，其政府职能重点是对“城”的管理。混合型政区是我国“市带县”模式下衍生出的带有“广域性”特征的城市型政区，即管辖范围还包含了城市连续建成区之外的大量的农村型地域。

“市”是典型的混合型政区，其政府在管理城市化地区的同时兼具对地域的管理职能，职能重点既包括对“城”的管理，也包括对“域”的管理。

由于市级城市的市辖区的规划建设属于市级政府直管，而其他区域要通过下辖县市进行管理，所以在市级城市就形成了“中心—外围”的管理体系，与事权对应的规划在定位、内容、表达上也有所不同，形成了规划的二元体系。

1.3 结构性

由于传导性、多级性的存在，相对于县级国土空间总体规划，市级国土空间总体规划需要强调结构性。结构性图纸需要体现战略意图，关注市域范围内各行政主体不能解决、需要在市级层面协调解决的问题。目的是制定框架，突出区域整体竞争力的塑造，而不是追求区域发展细微之处的准确性。

2 规划总图范式及其技术要点分析

2.1 市级国土空间总体规划编制模式

规划成果的内容与形式取决于对于规划定位的认识，认识的最大外化表现即规划编制的组织方式，笔者曾在 2019 年的《地级市国土空间总体规划的地位与作用》一文中将市县国土空间总体规划编制模式分为市级主导一步到位、先市后县分级编制、市县同编一步到位、市县同编分层表达四类。虽然市县同编成为正在开展中的市县总体规划普遍采用的模式，也是本书探讨的重点，但探讨前两种模式有助于理解目前规划编制的痛点、堵点。

2.2 市级主导，一步到位

下辖县级行政单位是市级城市的显著特征，由此造成了规划的多级性、传导性、结构性的特征，但也有特例，部分城市不辖县市（表10-1）。由于不辖县市，这些城市的规划体系是不含县或县级市的规划的，除部分特大城市需区规划进一步落实细化外，基本上是“一步到位”。可以说作为一种类型，这些城市的总体规划不是“典型”的市级国土空间总体规划。

但在这些城市中，由于广州、深圳、武汉、厦门具有较强的技术力量与较高的管理水平，在行业中处于领先地位，有望成为空间规划体系改革以来第一批被国务院批复的市级国土空间总体规划，具有巨大的示范作用。这些城市在落实国家战略、研究城市定位、梳理城市结构、高水平发展、高品质空间、高质量管控方面做了非常有价值的探索，但这些城市在市县两层级的“非典型性”不能被忽视。

表10-1　“特殊”类型的地级市

类型	城市
既不设区，又不设县（县级市的）地级市	甘肃省嘉峪关市 广东省中山市 广东省东莞市
只有区，没有管辖县、县级市	湖北省武汉市、鄂州市 内蒙古自治区乌海市 广东省广州市、深圳市、珠海市、佛山市 江苏省南京市 福建省厦门市 海南省海口市、三亚市、三沙市 新疆维吾尔自治区克拉玛依市

资料来源：中华人民共和国民政部．2020年12月中华人民共和国县以上行政区划代码[EB/OL].[2023-12-01].https://www.mca.gov.cn/mzsj/xzqh/2020/20201201.html.

2014年开展的“多规合一”试点为空间规划改革积累了丰富的经验，但在28个试点县市中，仅有6个地级市，而在这6个地级市中，“非典型”的又占了2个，可以说“多规合一”在全域全覆盖方面为县级规划提供了基础，但地级市市域规划除市辖区全覆盖的城市外，中心城以外的部分如何控制无法套用县级规划“全覆盖”的做法。如何处理层叠化的控制区域是未来国土空间总体规划亟待突破的问题[4]。然而，这些先行城市能够提供的经验不多。

2.3 先市后县，分级编制

这是一种理论上的编制模式，事实上本轮规划由于统一的时间节点安排，全国各级空间规划基本处于同步启动的状态，即使市县相对独立编制，在过程中也必然会有上下层级的沟通协调。但研究这种情况对于理解、构建国土空间总体规划的编制体系具有重要作用。

理论上讲，当一个县或县级市开展国土空间总体规划时，首先要研究的就是上位规划的要求与规定。这个规定明确了规划的“任务书”，但同时又给下位规划留出足够的、必要的弹性空间，充分体现其传导性、多级性和结构性特点。

由于县级规划是总体规划的“底”，在“底”层之上的地级市规划应该与“底”层的表达体系不同，姑且将县级规划的表达称为“控制层”，市级规划的表达称为“结构层”。结构层和控制层可以在表达的内容、区划的程度等方面有明显的区分，在定位的精度、控制的强度方面也有明显的区分，但表达有一定的难度，可以通过相关定义说明，更直观的方式是采用不同的表达（图 10-1a)。

2.3.1 表达内容的层级

由于尺度不同，市级规划与县级规划在各种要素上都有所不同，从基础地图的信息表达就可以得出结论，更重要的是规划信息的表达，比如城镇开发边界，市级规划中仅能表达到市级中心城区、各县中心城区、重点镇，而县级规划应该划定所有 30 公顷以上区域的开发边界（表 10-2）。

2.3.2 区划的分类

按照相关的规划分区方案，规划分区分为规划一级分区和二级分区。规划

4. 王新哲 . 地级市国土空间总体规划的地位与作用 [J]. 城市规划学刊 ,2019(4):31-36.

表 10-2 表达内容的分级示意（部分）

	市级规划	县级规划
设施网络	市级以上区域交通等重要基础设施廊道及设施布点	县级以上区域交通等重要基础设施廊道及设施布点
开发边界	市级中心城区、各县中心城区、重点镇	所有 30 公顷以上区域的开发边界
设施布点	市级以上（含跨区县）重点设施布点	县级各类重点设施布点
历史文化保护	—	古迹遗址核心区及建设控制地带、县级以上历史文化保护名录、四至边界、建设控制地带

一级分区包括生态保护区、生态控制区、农田保护区，以及城镇发展区、乡村发展区、海洋发展区、矿产能源发展区，在城镇发展区、乡村发展区、海洋发展区分别细分规划二级分区。一般情况下市级规划分区至一级分区，市级中心城区和县级规划至二级分区。

2.3.3 定位的精度

在传导体系中，大量“空间类”管控是从“总体模糊到局部清晰”的过程，无法通过简单的逐级分解来实现[5]，上位的地级市规划所表达的仅是一个“大概”的控制轮廓，需要下位的县级规划去落实，这种“模糊性”的表达如何实现对空间规划的表达来说是一个巨大的挑战，具体实践中有两种方案：

一种是通过概念的界定来实现，上海首先作出“划示”的概念创新，有效区分了市、区、街镇各级的主体事权，下放了划定城市开发边界的工作和管理任务，同步配套相关管控政策，以保证刚性与弹性兼顾，实现规划在战略引领和政策管控上的统一。“四线”（“上海 2035”在“三线”的基础上增加文化保护控制线）划定上也体现了同样的工作方针，市级层面划定的“四线”对应“结构线”，起到定规模、定系统、定布局的作用；区级划定政策区“控制线”，强调主要功能区块落地和相关控制指标；镇一级划定地块“图斑线”，实现“四

5. 董珂，张菁．加强层级传导，实现编管呼应：城市总规空间类强制性内容的改革创新研究 [J]. 城市规划，2018(1):26-34.

线精确落地、图斑管理”[6]。同时，上海市《关于落实“上海 2035”，进一步加强四条控制线实施管理的若干意见》中明确了依托空间规划体系，深化“四线”空间落地，各层级规划均有局部优化调整的权限。目前已经颁布的各省编制指南或规程较多地采用了这类做法，如规定“划定中心城区开发边界，划示各县或县级市的开发边界”。

2.4 市县同编，一步到位

由于统一的时间节点安排，全国各级空间规划基本处于同步启动的状态，根据“多方参与、共建共治。统筹协调各区（市）政府、各职能部门及社会群体的发展诉求，部门协同、公众参与、共商共谋，形成多方共识的一张蓝图、一本规划，确保规划成果能用、管用、好用”的要求，特别是有些城市为了市县的有效协调，采用了“打包招标”的方式，由一个联合体来同步完成市县两级的国土空间规划。普遍采用上下结合的传导机制，“N 上 N 下”联动编制。事实证明这是比较有效的工作组织方式。但在最终的成果组织上，有可能出现

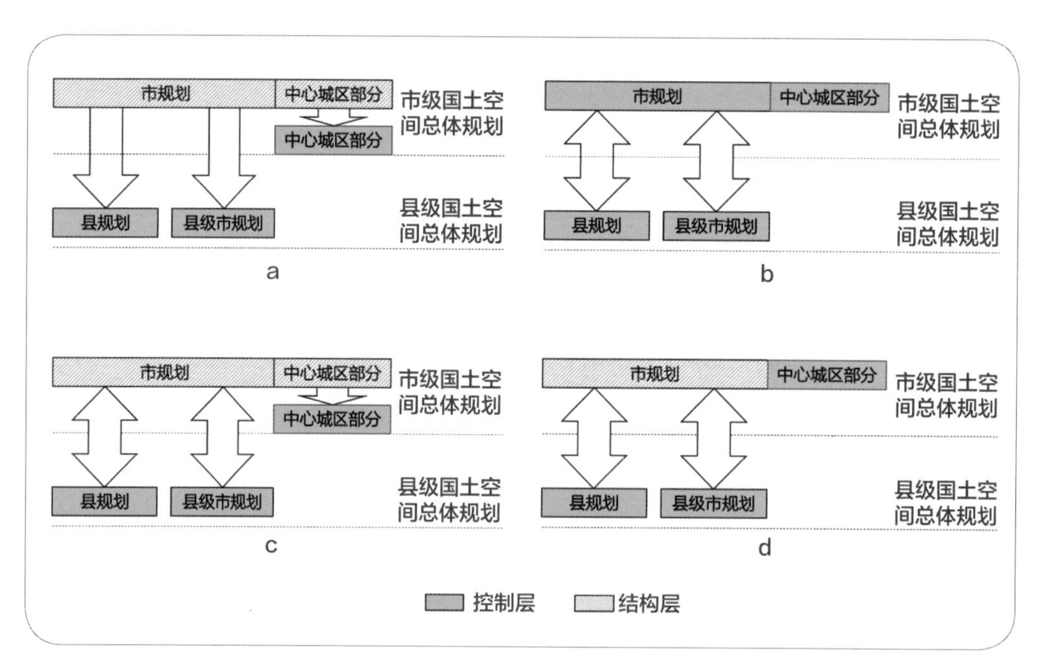

图 10-1 市县国土空间总体规划分级编制与表达方式

---

6. 熊健，范宇，宋煜 . 关于上海构建“两规融合、多规合一”空间规划体系的思考 [J]. 城市规划学刊 ,2017(S1):42-51.

两种方式：一种是市县规划直接拼合，形成一张市级“总图”（图 10-1b)。这个是国土空间总体规划“最终”成果的一步到位，市级数据库与县级数据库完全贯通，方便自上而下地监管，但这种方式弱化了地级市层次存在的意义，不利于日后的规划维护调整；另一种方式为市县同编、分层表达。

2.5 市县同编，分层表达

尽管本轮空间规划强调“自上而下”地传导，但在编制过程中“自下而上”发展意图的纳入还是不可避免，这就需要一种有效的甄别与表达体系。“分层表达”是一种较为合理的编制方式。在编制阶段，市级规划对于县级规划进行动态控制，统筹后市级规划将县级规划的结构性、控制性要素纳入，除上节提到的市县表达的内容、区划的分类方面的不同外，还要注意图纸要素的综合。

对于市级规划总图的表达，还有一个习惯做法就是中心城区内外采用两种深度（图 10-1d），严格讲也是不太符合制图逻辑的，应当在市域总图中统一表达方式，而将中心城区的深化内容表达在中心城区规划图中（图 10-1c），这也有利于面向实施（详细规划）总体规划的“最终成果”的“一张图”信息系统建设。

3 图纸的结构性表达

3.1 结构性图纸

除用地、分区等“准确表达”的图之外，结构性表达也是市级规划图纸的重要内容。

“上海 2035”专门进行了“空间图示专题研究”，就图纸的表达部分进行了针对性的研究，提出建立多尺度的图纸表达体系、基于政策区划分的多要素叠加表达方式、基于结构性用地的土地分类方法、符号建构与可视化表达[7]。总结了德国、伦敦、巴黎、悉尼等总体规划空间图示表达的特征，这些图示方法

7. 上海同济城市规划设计研究院 . 上海市规划和国土资源管理局委托课题“上海市新一轮总体规划空间分类图示专题研究”[R].2015.

明显具有以下特点：一是视觉秩序严谨。用色稳重，体系化结构清晰完整，一目了然，表达更加抽象与艺术，便于表述与传播。二是中观结构表达准确。通过空间图示对区域政策进行象征性的表达，注重结构的控制性，表达效果并非精确度越高越好，而是要与政策要素相对应。三是图纸要素简洁，可读性强。底图要素异常简洁，通常只有区域轮廓线、重要的河流水域和开放空间，规划要素也仅仅表达与政策意图相关的内容。[8]

国外的空间规划图较多地采用概念性、结构性的表达方式。斯蒂芬妮·杜尔总结了欧洲空间规划的图示表达分析，建立了一套分析框架，并在此框架上整理出一套从图解到精细化的、从模糊到严谨的、从区域到定位的空间规划图示方法[9]。如中心城区的“中央活力区”就采用了点阵化的表达方式，以明确表示边界的模糊性。市级规划出于承上启下的特点需要一套“模糊—清晰”的图示表达方法，梁洁总结了国内外的图示方法，提出基于规划事权与图示表达的逻辑关系（表 10-3）。

表 10-3 规划事权与图示表达的逻辑关系

<table>
<tr><th></th><th colspan="2">底线要素（清晰）</th><th colspan="2">发展要素（一般模糊）</th><th colspan="2">结构要素（模糊）</th></tr>
<tr><th></th><th>规划行为</th><th>图示特征</th><th>规划行为</th><th>图示特征</th><th>规划行为</th><th>图式特征</th></tr>
<tr><td>高等级政府</td><td>↓制定</td><td>本比例尺内明确位置、确定边界</td><td>↓调控、制定</td><td>本比例尺内位置、走向、区域、表达差异、叠加</td><td>↓指导</td><td>相对关系表达结构高度概括</td></tr>
<tr><td rowspan="2">中等级政府</td><td>↑严格执行 / 落实细化</td><td rowspan="2">本比例尺内明确位置、确定边界</td><td>↑调整 / 优化</td><td rowspan="2">本比例尺内大致位置、区域、表达差异、叠加</td><td>↑承接</td><td rowspan="2">相对关系表达结构高度概括</td></tr>
<tr><td>↓制定</td><td>↓调控、制定</td><td>↓指导</td></tr>
<tr><td>低等级政府</td><td>↑严格执行 / 落实细化 / 划定</td><td>精确位置、边界、对应物理坐标</td><td>↑调整 / 优化 / 落实</td><td>本比例尺内落实位置、区域、表达差异、叠加</td><td>↑承接</td><td>相对关系表达结构高度概括</td></tr>
</table>

资料来源：梁洁 . 国土空间总体规划图示方法研究 [J]. 城乡规划 ,2020(3):106-115.

8. 梁洁 . 国土空间总体规划图示方法研究 [J]. 城乡规划 ,2020(3):106-115.
9.DÜHR S.The visual language of spatial planning: Exploring cartographic representations for spatial planning in Europe[M]. London: Routledge, 2007.

3.2 制图综合

制图综合是地理信息的综合处理，是地图学的一项重点科学和技术，是对地理空间要素进行抽象概括，并以简化的数据或地图符号表达实地的模型化过程，涉及地图内容的取舍、专题要素的分类分级、表示方法的选择、地图符号设计的全过程。

借鉴地图制图的思想，在自下而上从大比例尺到小比例尺规划图制图时，涉及地图图形综合，也就是对要素制定一定的缩编规则。在城市规划中，通常关注的重点是面状要素和线状要素的表达。对于面状要素，采用融合、聚合、属性合并、要素化简、拟合以及删减等方法实现自下而上的图形简化（表 10-4）。

表 10-4 地图图形综合规则

图形综合类别	方法	过程
属性综合	融合	将规定阈值面积以下的用地与属性不完全相同的较大用地合成一块用地
	聚合	将两个或多个类型相同且不相邻接，但彼此间间距小于最小间距的用地合成一块，将用地两两之间的空白填充形成新图斑的包络图
	合并	将多个属性完全相同且相邻接的用地合成一块用地，且合并后的用地保持原来用地的属性值
形状综合	化简	通过顶点的减少或移动，使得多边形内部细节达到简化，同时尽可能保持原来的形状结构（凸包算法）
	拟合	随着比例尺的缩小，设置平滑距离，采用地理算法对边界进行拟合
尺度综合	删减	在缩小比例尺的状态下，根据地理要素本身的形状特征以及属性特点将不满足最小上图面积的用地删去

资料来源：王光霞 . 地图设计与编绘 [M]. 北京 : 测绘出版社 ,2014.

县级规划的地块间按照融合、聚合、属性合并等规则操作后，得到粗化后的用途分区。对结果进一步处理，拟合边界得到进一步化简的城市开发空间轮廓示意图。对于线状要素，制定要素删检、拟合、移位的规则进行制图表达。

另外，对于每一层级综合的结果，可以反过来对自上而下下达的弹性规划成果要求进行对比和监测，判断下位在规划的时候是否遵循上位规划的要求。

4 结语

从目前各省市已经发布的国土空间总体规划相关文件来看，对于市县成果的分级，在市级规划成果中，中心与外围县市的差异性已经得到认可。但从各个地方、设计院的初步成果来看，市级规划的传导性、多级性和结构性在“总图”上的表达还有待进一步探索，希望本文能为国土空间总体规划的具体实践提供借鉴。

第4篇

总体规划—详细规划传导

第11章

国土空间“总—详”规划空间传导：精准对应、复杂多元、柔性传导[1]

国土空间规划建立了分层、分级的传导体系，在“刚性管控”的思路下，“精确对应”是规划管理者与督察者在共同诉求下所倾向的技术选择。然而，“精确对应”是对“一致性”的误解，并且在技术上很难实现，尤其是“总—详”规划由于尺度差异形成了“断点”。在“总—详”规划空间传导优化中，不应囿于信息技术的逻辑，而要认识到城乡发展的复杂性与不确定性、用途管制的对象的多类型、判定规则中的主观性。在工作中用好空间管制工具、强化柔性传导体系、加强单元规划编制的规范引导。

我国空间规划体系要求下级规划落实上级规划的导向十分清晰，2019年《若干意见》提出，“制定实施规划的政策措施，提出下级国土空间总体规划和相关专项规划、详细规划的分解落实要求，健全规划实施传导机制，确保规划能用、管用、好用”。2019年6月发布的《自然资源部关于全面开展国土空间规划工作的通知》在规划工作开展流程中也提出了相关要求，传导技术成为规划技术体系的重要组成部分。

1. 本文部分内容引自：王新哲，杨雨菡，宗立，等. 国土空间“总—详”规划空间传导：现实困境、基本逻辑与优化措施[J]. 城市规划学刊，2023(2):96-102. 有扩充、修改。

1 国土空间总体规划传导体系建构

1.1 下级规划落实上级规划的导向

作为我国空间规划体系的核心要素之一，各原有空间规划体系中对规划传导均有政策要求表述，要求下级规划落实上级规划的导向十分清晰。例如，《城市、镇控制性详细规划编制审批办法》要求，“编制控制性详细规划，应当依据经批准的城市、镇总体规划”，“控制性详细规划修改涉及城市总体规划、镇总体规划强制性内容的，应当先修改总体规划”。同样地，《土地利用总体规划管理办法》要求，“土地利用总体规划按照下级规划服从上级规划的原则，依法自上而下审查报批”。

在新建立的国土空间规划体系中，这一导向得到了坚定的延续和发扬。改革开展伊始，《若干意见》就提出，“制定实施规划的政策措施，提出下级国土空间总体规划和相关专项规划、详细规划的分解落实要求，健全规划实施传导机制，确保规划能用、管用、好用”。紧随其后的《自然资源部关于全面开展国土空间规划工作的通知》虽未直接提出规划传导要求，但在规划工作开展流程中也提出了相关要求，“按照自上而下、上下联动、压茬推进的原则，抓紧启动编制全国、省级、市县和乡镇国土空间规划（规划期至 2035 年，展望至 2050 年）”。

同一时期为加强行业运行管理出台的《自然资源部办公厅关于加强国土空间规划监督管理的通知》更是强调了自上而下的刚性管控，“下级国土空间规划不得突破上级国土空间规划确定的约束性指标，不得违背上级国土空间规划的刚性管控要求”。

1.2 总体规划体系初步建立了分类分级管控的传导体系

从“弹性”到“清晰”的逐级空间“管理”，在技术上是有难度的。董珂和张菁建议根据其参照的空间基准不同实施分度约束，该深则深、该浅则浅，分别采用定则、定量、定构、定界、定形、定序的管控方式[2]。同济规划院课题组提出构建“六类要素＋四种方式”的传导矩阵体系（图 11-1）。

2. 董珂，张菁．加强层级传导，实现编管呼应：城市总规空间类强制性内容的改革创新研究 [J]. 城市规划，2018(1):26-34.

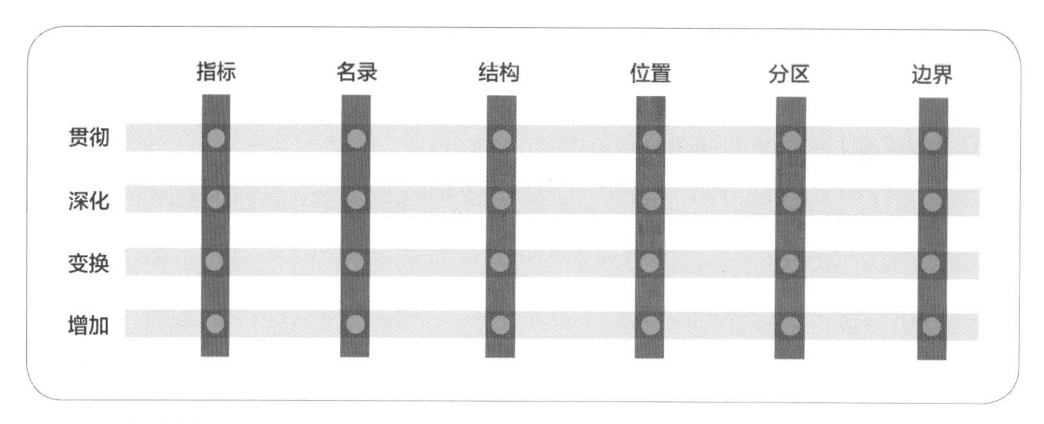

图 11-1 国土空间规划传导矩阵

落实到规划编制要求上，《省级指南》要求“省级国土空间规划通过分区传导、底线管控、控制指标、名录管理、政策要求等方式，对市县级规划编制提出指导约束要求”；《市级指南》要求市级国土空间总体规划“对市辖县（区、市）提出规划指引，按照主体功能区定位，落实市级总规确定的规划目标、规划分区、重要控制线、城镇定位、要素配置等规划内容”。在此基础上，《市级指南》提出的分区规划编制 / 详规单元划分要求明确地在总体规划—详细规划这一界面上引入了规划传导要素，使规划传导得以在国土空间规划体系内实现完整衔接。

1.3 “三条控制线”的划定工作强化了空间传导的刚性

作为国土空间规划编制核心工作之一的三条控制线划定工作采用了与要素传导相比更为刚性的推进逻辑。《关于在国土空间规划中统筹划定落实三条控制线的指导意见》提出要在“自上而下、上下结合实现三条控制线落地”的基础上，由“市、县组织统一划定三条控制线和乡村建设等各类空间实体边界”。这一直接将空间实体在各级国土空间规划中相贯通的政策要求，奠定了规划传导在国土空间规划工作中的刚性“底色”。

2 国土空间“总—详”规划传导的机制

2.1 “多规合一”及控规的地方探索建立了详细规划的传导体系

以北京、上海、广州、厦门为代表的“多规合一”改革，主要针对控制性详细规划层面，优化了控制性详细规划的传导体系，形成了上下联动的工作机制、多规合一判定的技术标准、分级传导的规划体系、规划总控的技术平台、应对实施的动态维护办法等各具特色的研究成果及规划体系，大量经验可应用于国土空间规划体系中的详细规划。

以北京为例，形成一套“总规—分区—控制性详细规划”的国土空间规划传导体系，同时在每一个规划层级都探索构建了规划编制—规划实施—监督保障的全周期闭环空间治理模式。在不同深度层次上，区分“刚性管控”与“引导完善”两类内容，例如，在街区层面严格落实功能定位、规模指标、三大设施等刚性要求，确保城市基本框架，在街坊层面落实功能布局、建筑规模和空间形态等要素，构建了“图则、导则加规则”三位一体的编管模式。[3]

2.2 “总—详”规划空间类的管控传导机制不完善

加强传导成为空间规划体系改革的要求，基本可以分为政策、指标、控制线、用途和设施五个主要方面。政策的传导包括对规划目标、战略意图、土地使用政策以及具有空间属性的政策区的传导等[4]，以文本为核心载体，具有较大的“弹性”，操作相对容易；指标类管控要素可以进行数字上的逐级分解或赋予弹性阈值；空间类的控制线、用途和设施管控的刚性传导成为控制难点，因为“从总体模糊到局部清晰”的过程，无法通过简单的空间分解来实现。

地方“多规合一”的改革形成了“一张图”的详细规划平台，而空间规划体系下市县国土空间总体规划同步编制，为各级各类规划之间纵向“对准”提供了条件，使各规划的蓝图可以互相嵌合。下位规划是上位的“照抄”或“打开”[5]。总、控两类规划由于尺度和编制时间等问题，形成了两“段”体系。

---

3. 中国国土空间规划 .UP 论坛系列报道之：北京 规划引领高质量发展——减量背景下的首都存量地区控规改革实践 [EB/OL].(2022-12-27)[2023-11-01].https://mp.weixin.qq.com/s/sfWuoxrrBSRreaZr7VU9Og.
4. 张立，李雯骐，汪劲柏 . 空间规划的传导协同：治理视角下的国际实践与启示 [J]. 国际城市规划 ,2022,37(5):1-13.
5.“打开”这里特指针对某一具有明确空间范围的规划意图，在规划传导中，在不改变空间范围与比例尺精度的前提下，对规划意图的树状细化过程。

目前总规到详规的有效传导机制不完善，规划体系存在“断链”[6]。

就目前的空间规划编制实践来说，总体规划被正式批复、符合空间规划体系改革要求的只有北京和上海两个城市。这两个城市是在全国统一编制之前完成了规划，同时由于其超大城市、直辖市的特殊地位，总体规划突出了战略引领，与单元规划、详细规划形成了较好的分工，空间上突出结构控制的作用，为详细规划的“一致性”留出了较大的弹性空间。而其他正在编制总体规划的城市则面临“总—详”一致性方面的相关问题。

2.3 “总—详”规划尺度差异使空间定位及规划传导形成“断点”

不同空间尺度下规划的内容重点不同，需要的基础空间和属性信息也就不同。国土空间总体规划强调以“三调”为基础，省级规划在用地信息上往往使用市级“三调”成果的缩编，这样保证了省市县底图的一致性，而详细规划作为地方事务普遍采用较大比例尺的地形图为基础，同时考虑了多重管理信息。在不修正地类和边界的前提下，“三调”或其基数转换后的成果均无法满足专项规划和详细规划层次的现状图表达深度和精度要求[7]，由底图的转换造成了总—详规划在空间传导上的非精确性。

“三调”的分类与国土空间用地用海分类存在差异，如何“转换”成为一个技术问题，主要的研究集中在三个方面。第一是相关地类的转换和一对多的拆分、多对一的合并转换。第二是对于建设用地“管理属性”的认定。随后发布的自然资办函〔2021〕907号《关于规范和统一市县国土空间规划现状基数的通知》对此两项进行了明确，并强调“现状基数矢量图斑……用于国土空间规划编制……不得更改‘三调’成果数据”。第三则是对于用地的具体边界的调整，由于土地调查多采用“调绘”的方法，即使相同的地块在具体数据上也会存在差异。朱江等从调查逻辑和规划逻辑入手，探讨了数据转换的衔接路径[8]，何子张和谢嘉宬基于厦门的实践探讨了“一张底图”构建的难点与要点，均建议构

6. 张皓，孙施文. 规划体系中的一致性及其断裂：以上海中心城为例 [J]. 城市规划学刊，2022(2):27-34.

7. 何子张，谢嘉宬. 市县国土空间规划“一张底图”构建的难点与要点：基于厦门实践的探索 [J]. 北京规划建设，2022(4):46-50.

8. 朱江，杨箐丛，李一璇，等. 从调查逻辑到规划逻辑的衔接转换：国土空间规划基数转换的广州思考 [J]. 城市规划，2022,46(2):94-99.

建事权分层的“一张底图”，这在一定程度上反映了广州、厦门等规划管理信息化基础较好的城市的诉求。

董华文和宋艳华以南雄为例探讨了县级国土空间总体规划基数转换研究，最终形成分别面向行政报批与城市精细化管理的两套成果。其中，面向行政报批的成果严格满足行政审批规程技术要求，而面向城市精细化管理的成果则充分协调了调查与管理数据的矛盾，并对重点地区开展三级地类的细化调查工作，为后续详细规划与相关专项规划编制预留数据接口[9]，是一般县市对于“三调”成果使用的典型代表。但随着地方详细规划信息平台的建设，“重绘”规划信息成为详细规划管理的必然需求。

3 空间管控“精确对应”诉求

3.1 以“精确对应”达到一致性成为当前规划传导的技术选择

在“刚性管控”的思路下，“精确对应”是地方规划管理者与上级督察者在不同诉求下共同的技术选择。上级规划与下级规划间，总体规划与专项规划、详细规划间，规划与实施许可间，规划与监督管制间的约束关系都追求“精确对应”的一致。“模糊与清晰”或者“微差”关系则被认为是“不一致”。这种思路的形成是多重原因叠加带来的必然选择。

尽管上下贯通、各层级密切联系的工作逻辑与逐级实现的传导逻辑在政策上可以并行不悖，但却在规划编制和管理实践方面埋下了规则上的隐患。

3.2 规划“精确拼合”的成因

当前国土空间规划实践在诸多方面呈现出“精确拼合”的思路。这种思路的形成是当前规划编制的需要，是多重原因叠加带来的必然选择。

一是督察制度的倒逼。当前，督察制度的有效性尚需建立在责任清晰的基础之上。以往城乡规划从结构性的战略规划到实施规划的非精准传导特征，使

9. 董华文，宋艳华. 县级国土空间总体规划基数转换研究：以南雄为例 [C]// 中国城市规划学会，成都市人民政府. 面向高质量发展的空间治理:2021 中国城市规划年会论文集（20 总体规划）. 中国建筑工业出版社，2021.

得下位规划与上位规划的一致性需要人为判别。规划管理实践中，在技术局限、市场利益、长官意志、个人差异等因素影响下，人为判别难以保持完全客观且标准恒定，从而导致管理成本与行政风险的增加。在当前督察与惩罚力度不断强化的背景下，规划管理者（往往也是规划编制的推动者，以及被督察者）倾向于在规划编制初始消弭这种不确定性，从而诉诸“上下贯通，直接监督实施”的精准拼合的规划编制。

二是多规合一要求下的技术选择。自然资源部成立以前，各部门规划针对开发或资源保护的目标相对单一，规划出台或项目落地实施前的部门征询程序起到了消解矛盾、实现多规合一的实际作用。国土空间规划体系建立后，开发与保护的目标性矛盾仍然存在，仅是把矛盾提前到了规划编制过程中解决。这种矛盾在具体的地块、图斑层面尤为突显。“上下一体，精准拼合”的思路为消解这种矛盾提供了技术可行性。此外，在国土空间规划体系建立之前多地开展的“多规合一”试点的经验多将消除图斑差异作为一项主体工作，也为“精准拼合”的思路提供了实践经验的支撑。

三是当前规划成果逻辑自洽的必然要求。在强调粮食安全、生态安全，防止城市肆意蔓延的导向下，三条控制线作为国土空间规划核心的刚性控制线，率先实现了上下一体的精准拼合蓝图。实践操作中，由于三条控制线的刚性被无限放大，同时受到建设用地指标限制约束，各地倾向于以项目为导向，逐图斑划定三条控制线，说清楚每一块土地的使用蓝图是三条控制线划定的技术前提。随着全国国土空间规划的全面推进，三条控制线优先于各级规划成果得到批复，反成了规划成果阶段的工作前提。而为了和确定的三条控制线嵌合，规划又不得不说清楚每一块土地的使用蓝图。

在“刚性管控”的思路下，“精准拼合”是规划管理者与督察者共同诉求下倾向的技术选择。这种规划精准拼合的思路是迈向强化监督、多规合一的必经阶段。

3.3 “精确对应”是对“一致性”的误解

“精确对应”的“一致性”判断标准从实际管理操作角度看似简单易行，但未来发展的不确定性将导致保持各规划间、规划与建设间的“一致”难以实现。为应对发展的不确定性，无论是原土地利用总体规划还是原城乡规划体系，面向实施的基层规划都具有一定的动态调整路径。如果将“精确的一致”作为一致性判断的唯一标准，那在下层次规划调整后，如果上层次规划不进行调整修改，则产生了下层次规划突破“一致性”的问题；反之，如果因为下层级规划的反馈导致上层级规划调整，则造成上下逻辑关系的混乱。为避免这种矛盾，在原土地利用规划和城乡规划体系下，均存在规划与规划间、规划与监督实施间“非精确的一致性”关系。比如在土地利用总体规划中，市级规划划定土地利用功能区至县级规划划定的县级土地用途区，就是一种从“集中连片的片区”到“图斑”的“非精确”转换。在城乡规划的督察实践中，也并非像外界诟病的那样，“拿总规去督察实施，跳过了中间的环节”，督察部门首先是要求对总体规划和规划实施中产生的“偏差”进行解释，而并非判定所有这些“偏差”都是错误，这种对“偏差”的允许也代表了一种“非精确”的一致。

在“精确对应”的思路下，上层规划来源于下层规划的拼合，成果愈发精细化，在一些关键内容上达到了下层规划的深度，甚至直接代替下层规划向下传导或监督实施。各级规划在编制实践中关注同样内容，成果趋于一致，造成了对“分化治理”初衷的改变，同时造成上层规划的合理性部分依赖于下层规划的合理性，容易诱发规划成果技术不合理的问题。即使研究充分深入且符合当前的全局战略，规划本身也无法预计未来实施过程中的种种不确定性。当未来新的合理需求产生时，过于精确的规划必然可适应性不足，从而导致规划“一致性”体系的瓦解。

为了使规划编制传导与规划实施中保持“精确的一致”，地方普遍建立了“N 上 N 下”的工作机制，这就要求规划必须同步编制，并且要有足够的耐心与代价来进行统筹，本轮总体规划耗时三年以上就是一个例证。同时，这种机制容易引发下级主体的利益投机心理。在上级规划要求下级规划“纳入”时，提交的规划内容本质上更倾向于“投机”而脱离“规划理性”的范畴。下级主体投机的成功会进一步激发这种群体投机的行为，最终削弱了整体规划合理性。

应该认识到，基于“精确对应”的一致性只是规划“一致性”的一种类型。在更多的情况下，规划内容的有效传导依赖于一种“非精确对应”的柔性传导。

3.4 被误读为“传导”的协调性

在“多规合一”阶段，“几上几下”的工作方式更多地体现了不同层级之间、控规与专项规划之间的协调过程。原有的总体规划或战略规划（厦门市为“美丽厦门”规划）对控规起到了传导作用，但说经“拼合”形成的“新”总规对于控规有“传导”作用，则是对于规划体系的谬解。受此思路的影响，在国土空间总体规划编制中很多城市采用了县级规划拼合成为市级规划的做法，极大地削弱了市级规划的作用，算是一种无奈之举。但在省级规划中，也在盲目追求“一张图”，就是对于省—市两级规划极大的误解。

在省级规划中的城市的布局形态、市级规划中的县城布局，往往并不是“自上而下”确定的，多数是由下级规划的方案“纳入”的，多数学者也主张“上下结合”。在国土空间总体规划“全覆盖”开展的情况下，城市圈或都市圈的规划成为热点之一，其协调、共识平台的作用比以行政区为单位的各级国土空间总体规划更加有效，更能凸显规划的“协调性”。

住建部在《城市总体规划编制与改革创新课题》中曾经提出总体规划作为一项公共政策的定位，即“城市政府在一定规划期限内引导城市发展、优化空间结构、统筹城乡资源的战略纲领、法定蓝图和协调平台”，省、市“一张图”所体现的更多的是协调平台的作用，而非传统意义上的“传导”。

4 空间管控“精确对应”的问题

4.1 技术维度：空间规划不应囿于信息技术的逻辑

近年来，随着信息技术的不断进步，国土空间规划与治理所能利用的技术资源也不断丰富。在此背景下，为加强国土空间规划与治理工作、实现统一监管，中央主管部门主导了统一的国土空间利用与规划信息化进程。作为国土空间治理信息载体的各类相关空间/非空间数据愈发集成化，各管理层级所利用的空间数据也愈发趋同。以土地利用总体规划为例，2009 年的《土地利用总体规划编制审查办法》仅要求土地利用总体规划审查报批提交规划成果数据库，而 2017 年的《土地利用总体规划管理办法》就要求在提交数据库的基础上建立健全土地利用总体规划数据库动态更新机制，纳入国土资源综合信息监管平台统一管理，实现规划信息的集成管理和互通共享。在国土空间规划体系改革进程中，规划和管理信息集成化、扁平化的趋势进一步延续，当前政策和相关规范均已较为完善，“扁平管理”对刚性传导的支撑还将进一步加强。

信息技术为国土空间提供了强大的技术支撑，但同时也影响了空间规划体系的技术逻辑，电子地图时代智能化的自动综合技术成为地图学和 GIS 学界的研究重点，通过初级尺度的自动综合技术策略，可以实现“通比例尺”的“无级变换”[10]。但空间规划显然不同于地图的可视化，一方面“通比例尺”有尺度区间，另一方面在尺度变换的同时还有空间管理事权、未来不确定性等一系列复杂问题。

从“一张图”的实践来看，走向两个极端。一种是在“控规全覆盖”的基础上进行“综合”。如早期的控规改革中厦门编制“空间布局规划”，以精细化的控规土地利用规划图替代总体规划总图，作为城市发展蓝图，造成总体规划的失效[11]。另一种是由于不能“精确对应”，而放弃各层级之间的要素关联，这种情况在当下的空间规划体系建设中应当特别关注。

当下使用各类算法开展多尺度矢量图元一致性分析的技术已被广泛应用于测绘、地理信息和详细规划审查等领域。例如，基于语义关系的空间数据尺度转换[10]、基于本体规则的多源矢量数据一致性分析[12]、基于 ETL 和人工智能空间信息提取及架构于其上的基于规则推理的审查算法[13]等。但基于语义与本体的相关技术仅在语义关系十分明确、空间边界定位一致性较强的情况下才能用于“精确定位”的一致性判断，无法满足当下规划管理实践的实际技术需求。人工智能技术虽有广阔的应用前景，但在规划管理中利用人工智能实现辅助判断时，仍需要人工设计审查规则，并人工验证审查流程的合理性及相关属性与规则判断的完备性。以信息技术手段验证总—详规划“精确对应”传导有效性目前仍无法达到在国土空间规划体系中实现传导所需的水平。在现有的个别详细规划智能化审查探索实践中，审查规则也仅验证了控制性详细规划的土地利用规划图层是否与法定图则相一致，没有提出跨规划层级的“精确定位”审查要求。[14]

---

10. 高惠君 . 城市规划空间数据的多尺度处理与表达研究 [D]. 徐州 : 中国矿业大学 ,2012.
11. 谢英挺 . 从理想蓝图到动态规划 : 厦门市 30 年城市规划实践评析 [J]. 城市规划学刊 ,2014(2):67-72.
12. 陈永佩 . 基于本体的矢量数据一致性检查研究 [D]. 杭州 : 浙江大学 ,2017.
13. 龚勋 , 程朴 , 邓少平 , 等 . 基于规则知识库的智能化审查分析研究 [J]. 测绘与空间地理信息 ,2022,45(4):93-95.
14. 陈东梅 , 彭璐璐 , 马星 , 等 . 国土空间规划体系下南沙新区详细规划成果智能化审查研究 [J]. 规划师 ,2021,37(14):47-53.

4.2 空间维度：多尺度的转换本身就是“非精确”

在当前国土空间规划编制实践中，充分强化了“三调”及其变更调查作为各级规划底图的权威性，但实际操作中却存在一些困难。

第一，底图工作难以协调包容多层属性信息。在规划编制时，所需要考虑的底图信息远不止所见即所得的实物现状和自然地质条件，还包括土地审批、供应、权属，以及各类法定规划、管理政策等多重信息，这些信息都是底图的重要组成部分。然而批地、供地等管理信息量大面广，且存在着政出多门、历史资料不全、矢量不统一等历史遗留问题，导致查明厘清这些用地信息不仅工作量巨大，还涉及多部门矛盾冲突，可操作性不强。由《第三次全国国土调查技术规程》可以看出，在“三调”工作开始阶段，确实曾试图将土地权属、批供管理等信息在“三调”中查明厘清，但在实际开展后不久，各地“三调”办就因操作困难而不再推进此项工作，从而奠定了后来正式“三调”时“所见即所得”的调查基调。虽然在规划推进过程中，自然资源部又发布了《关于规范和统一市县国土空间规划现状基数的通知》，试图补正“三调”中未完成的土地管理信息工作，但由于实际操作中各类用地管理信息工作量大、难以举证、难以核查的问题仍然存在，且“补正”对“三调”作为底图的权威性带来挑战，从而也未能成功实践。

第二，底图精度难以实现不同空间尺度规划下的统一。不同空间尺度下规划的内容重点不同，需要的基础空间和属性信息也就不同。对于以开发为导向的新建片区，在总体规划层次更关注的是城市空间战略格局、重要发展廊道、公共中心体系等的考量，“三调”的精度基本能满足底图需要；而详细规划则基于对具体用地的考量，土地审批、登记信息均需要详细考量，所见即所得的现状底图无法满足这样的需要。若采用其他调查信息对“三调”及基数转换成果开展修正，固然有可能满足详细规划编制的精度要求，但经此修正的边界和地类将与国土调查及变更调查存在显著差异。实际上，各空间尺度下的规划蓝图均是一次技术上的“重绘”，相应的规划底图也就无法实现跨空间尺度的统一。

第三，统一的底图信息难以满足不同专项规划的需求。不同级别、不同类型的专项规划需要的底图信息不仅空间精度要求差异大，用地属性要求差异也很大。一是专项规划对目标领域的用地类型往往需要根据行业标准，进一步细分，统一的用地分类标准难以包容所有专项的分类需求。二是由于不同行业规划出发点与技术标准不同，不同类型的专项规划对同一用地的属性解释存在偏差，采用唯一、排他的一套用地分类规范难以符合不同专项门类对现状底图的认定标准。三是专项规划底图需要反映所属的不同部门条线既有的法定规划或管理内容，而统一的规划底图难以包含此类信息。

4.3 时间维度：为达到精确一致而动态调整数据库降低了规划的严肃性

在国土空间规划实施管理过程中，各类国土空间信息数据库将成为落实刚性管控的载体，位居其中的国土空间总体规划数据库应当具备稳定的核心数据，且能够与各类相关数据平台实现数据交换和有序交互。国土空间规划的核心数据稳定，既是实现规划实施监督刚性管控的基础，又是建立稳健规划预期，从而实现向详细规划和专项规划开展刚性传导的前提。

但由于国土空间用途管制机制改革尚未全面完成，当前作为国土空间规划核心成果的国土空间规划数据库空间要素生产和使用方式与土地利用总体规划时期并没有本质差异。而土地利用规划的原有模式刚性有余，弹性不足，在规划背景和规划条件瞬息万变的市场环境下无法有效应对各种不确定性因素的影响与冲击[15]。因此，在国土空间用途管制改革尚未全面完成，仍沿用土地利用总体规划管制机制的当下，若继续依原有空间要素生产和使用方式编制和实施国土空间规划，难以保证不会出现频繁调整规划（修改国土空间规划数据）的情况。

此外，在原有土地利用规划体系中，不同业务部门可能根据自身需求选用不同的空间数据，造成实施数据与规划数据间的矛盾[16]。当下，自然资源部门内部不同类型调查、监测与规划数据之间的关系尚待梳理，遑论各类专项规划所涉及的其他部门相关数据。各类相关空间数据的生产、使用、交换规则和周期应相对统一才能满足刚性管控要求，而各类数据实质上则是不同管理业务和流程的载体。因而，刚性管控所需的秩序远超自然资源部门自身业务范畴，在规划实施实践中也无法完全落实。

15. 王金捷 . 不确定性下的土地利用总体规划动态调整辅助系统设计 [D]. 重庆 : 西南大学 ,2017.
16. 刘志有 . 区域土地利用总体规划实施的管控研究 [D]. 乌鲁木齐 : 新疆农业大学 ,2014.

4.4 制度维度：无法实现跨层级的统一

要实现精确的刚性传导，将空间实体和管控要求在各级国土空间规划中贯通（与“三条控制线”模式类同），就要在不同层级的规划中采用统一的基准空间要素。在国土空间规划编制实践中，当前政策要求以经基数转换操作的“三调”成果作为规划底图。在用作国土空间规划底图时，由于分类体系不同、表达属性不同、用途认定偏差等因素，“三调”成果在投入国土空间规划使用前必然需要细化，在此过程中额外的人工判读和举证工作必不可少[17,18]。

因此，刚性传导所依赖的“统一底图”无法由“三调”及基数转换成果所充当。若采用其他自然资源调查或其他相关主管部门的普查 / 调查数据对“三调”及基数转换成果开展修正，固然有可能满足专项规划和详细规划编制的精度要求。但经此修正的边界和地类将与国土调查及变更调查存在显著差异，刚性传导要求的“统一底图”亦将无法实现跨层级的统一。

在多层次空间规划体系中，看似简单易行的精确对应也基本无法实现。以某相对独立的地块为例，在国土调查中会出现调查与宗地界线的不一致，包括具体点位的误差，还有异质性功能的界定等；在国土空间总体规划的用地分区中，由于不存在道路分区，常规做法是将其相邻道路并入，造成了边界的改变；在用地分类图中，道路又“切除”了，同时道路红线也经过了“规整”；在详细规划中，地类进一步细分，相关的配套设施增加，道路线形也可能改变。由此可见，即便是保留的现状、受相邻因素干扰极少的用地，在各个层级的规划中都无法做到图斑的一致性（图 11-2）。

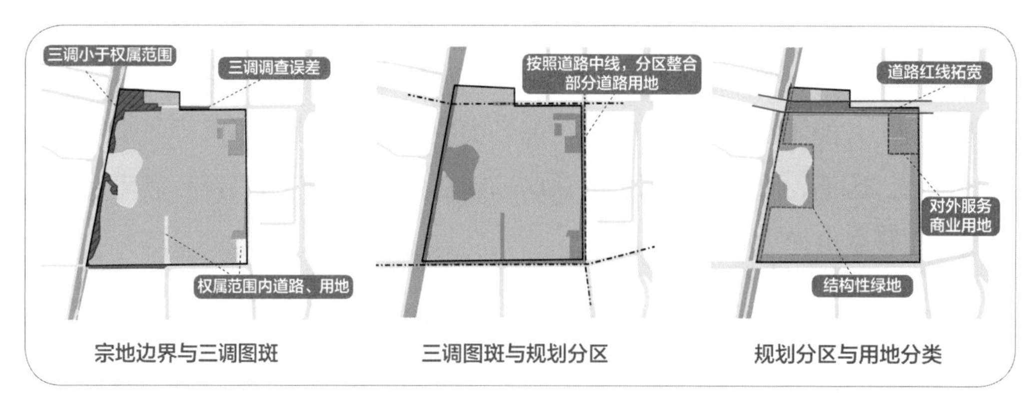

图 11-2 同一地块在不同规划中的表达差异示意

17. 赵毅，郑俊，徐辰，等. 县级国土空间总体规划编制关键问题 [J]. 城市规划学刊，2022(2):54-61.
18. 吴多，熊伟. 基于“三调”数据的国土空间规划底图建设：以武汉市为实例 [J]. 中国国土资源经济，2022,35(3):53-60.

5 "总—详"规划空间传导的基本逻辑

5.1 城乡发展具有复杂性，规划实施具有不确定性

城市及其区域是一个典型的开放的特殊复杂巨系统，其复杂性已经得到公认。简·雅各布斯在《美国大城市的死与生》中将城市定义为最为复杂、最为旺盛的生命。尽管以系统论、控制论和信息论为代表的系统理论是认知世界的重要工具，然而不能把人的社会性、复杂性、心理和行为的不确定性过于简化以后将复杂巨系统变成简单巨系统。此外，也有必要研究系统动力学等模型的可信度。[19]

马克斯·韦伯提出人的理性包括"价值理性"和"工具理性"[20]。价值理性是对工作是否符合整体目标、意义的判断，工具理性则是对工具是否符合局部最优路径的判断。只有当工具理性始终服务于价值理性，才能有效发挥工具的价值。当前国土空间规划实践中，精确的刚性传导虽符合易管理、易监督的工具理性，但却在结果上导致规划成果技术不合理、可适应性不足的价值理性缺乏问题，进而导致了价值理性与工具理性的断裂。

在规划传导与管控实施体系设计中，应始终强调面向价值理性。规划实施效果始终应是规划整个体系发挥价值的评判，而不应简单地将易实施监督作为"好"的标准。当前在国土空间规划的严肃性、约束性明显增强的背景下，如规划传导实施仅依赖于以精确对应、数理判断为核心的"一致性"传导体系，而在规划编制实施的各个环节缺少对价值理性的判断，则规划编制主体易陷入到花费大量精力研究数理规则，从而最大限度地争夺土地发展权的博弈中去，而对面向价值理性的技术方案缺少精力或漠不关心。

规划实践中，理性的规划编制是规划合理实施——实现价值理性的前提，而合理的规划传导体系则是促使规划理性编制的关键工具。规划传导工具的设计离不开价值理性与工具理性的双重思维。一方面，传导体系的设计要强调始终面向价值理性，强调国土空间规划的综合性、技术性，限制地方将规划作为利益投机的行为取向，避免规划编制陷入数字博弈中去。另一方面，传导体系

19. 钱学森，于景元，戴汝为．一个科学新领域：开放的复杂巨系统及其方法论 [J]. 自然杂志，1990(1):3-10.
20. 韦伯．新教伦理与资本主义精神 [M]. 于晓，陈维纲，译．上海：三联书店，1987.

的设计需要充分考虑开发与保护思维下的不同编制与管理要求，适应未来发展的不确定性。

以开发利用为核心目标时，决策的做出需要基于多重变量下的综合判断，价值理性具有不可替代性。应充分尊重专家评审、规划技术委员会、公众参与在方案确定上发挥的综合作用。以资源保护为核心目标时，规划基于对既有现状的保护优化，工具理性同样具有不可替代性。基于工具理性的判断可以约束人的自由裁量，从而对在市场竞争中处于弱势的资源要素起到保护作用。

5.2 开发与保护具有不同的思维逻辑

在国土空间规划体系建立前，以原城乡规划、土地利用规划、各资源类型规划为代表的既有空间性规划大多已经形成一套自洽的规划“编制—实施—管理”体系，其中刚性内容在规划间的层层传导与管控实施为规划发挥实效提供了重要支撑。但由于诞生的时代背景与目的不同，各类型规划从价值取向到编制技术、管理方法均不相同，以致各类型规划所形成的传导实施体系虽内部自洽，却难以相通融合。基于开发与保护两种思维逻辑，衍生出了两种不同的规划传导实施体系。

在开发思维导向下，以城乡规划为典型，关注的是空间功能从“无”到“有”的转变，工作重点在于指导新功能的进入，包括引入何种功能，如何配比，如何布局，等等。无论是城市扩张还是城市内部改造，以往城乡规划都是在意识中先将空间功能推平成为“无”之后再作画的过程[21]。由此，整个规划体系基于先验思维，以蓝图的方式表达先验目标。先通过宏观规划描绘战略性、结构性、整体性安排，再通过层层分解，由基层规划细化描绘蓝图并指导实施。层层规划的形成遵循自上而下的“分解”逻辑，每一层蓝图的“分解细化”均是一次技术上的重绘过程。

在保护思维导向下，以土地利用规划、资源类型规划为代表，关注的是对既有资源的保护管理，工作重点在于查明现状，并明确资源允许被“侵占”或“挪移”的条件。以资源保护为目的的规划是基于渐进思维下的优化管理决策。先在基层进行现状调查与规划分析，再自下而上层层协调后汇总形成宏观层面规

21. 孙施文 . 从城乡规划到国土空间规划 [J]. 城市规划学刊 ,2020(4):11-17.

划。因此，层层规划形成后看似是自上而下的“分解”，实则是基于自下而上“汇总”与上下协商后的共谋。

由于思维方式与规划传导实施体系的不同，开发与保护导向下的刚性传导具有不同的内核逻辑与表现形式。开发导向下的规划传导是从概化的目标战略到精细的空间布局的转变，呈现出由模糊到清晰、由战略到空间落实的转化特征。刚性内容在不同的空间层级呈现出不同的表现形式，如道路在宏观层面走向具有刚性，而在微观层面红线与坐标具有刚性。而保护思维下的规划，与从“无”出发的开发思维不同，清晰的资源现状是规划（也是资源管理）的重要基础。规划形成后，呈现出“上下一般粗”的特征。可以说，以开发为导向的刚性传导是在遵循高层次规划框定刚性原则与条件下，下层次规划进行“精细化”与“再创作”的过程，而以保护为导向的刚性传导则是在上下协商共谋认定后，下层规划对上层规划的“切分式”转化。

5.3 用途管制的对象具有多样性，上下传导具有非树状特征

国土空间用途管制的直接对象是空间，空间具有多种类型，可分为实体空间、功能空间和管理空间[22]。从认识论角度，可分为“区域型”国土空间和“要素型”国土空间。“区域型”国土空间强调其综合性，是指“一片片”具有综合自然、经济和社会因素的空间，而“要素型”国土空间强调其具体用途或管理限制性，是指“一块块”单一用途的地块[23]。两种类型的空间分别代表了全局视角和局部视角，在工作认知上应做明显区分。

土地调查以真实反映调查时点的土地利用状况为基本要求，所以，它的对象是实体空间，由《第三次全国国土调查技术规程》可以看出，在“三调”工作开始阶段，确实曾试图将土地权属、批供管理等信息在“三调”中查明厘清[24]，作为规划核心任务的空间管制面对的是功能空间，空间具有异质性、动

22. 岳文泽，王田雨．中国国土空间用途管制的基础性问题思考 [J]. 中国土地科学，2019,33(8):8-15.
23. 林坚，刘松雪，刘诗毅．区域—要素统筹：构建国土空间开发保护制度的关键 [J]. 中国土地科学，2018,32(6):1-7.
24.《第三次全国国土调查技术规程》中要求将权属调查资料、土地审批、土地供应、土地登记、建设用地审批、土地执法等多类资料作为基础资料；在城镇村庄内部土地利用现状调查中要求参考土地审批、土地供应、土地登记等资料修正调查边界；在专项用地调查中，要求将批准未建设的建设用地调查作为一项工作内容；在土地权属调查中，要求将已完成的集体土地所有权确权登记和城镇国有建设用地范围外国有土地使用权登记成果落实在国土调查成果中。

态性和尺度性[25]。在大尺度的国土空间总体规划中，土地调查基本满足规划的需求，“区域型”国土空间和管制类要素空间可以利用“三调”成果，但到了城市尺度就显得匹配度不够，各地进行的“底图转换”就是针对空间的异质性和尺度性对“三调”成果进行的转换。在具体管理工作中，空间不仅对应所见即所得的实物现状，还应包括土地审批、供应、权属，以及各类法定规划、管理政策等多重信息，政府需要与权益人对接，对象是一个“管理空间”。

三类空间在规划中发挥不同的作用，各司其职，是符合技术逻辑的，但在上下博弈的过程中，对于底图的技术探讨其实就是行政逻辑下的博弈，土地使用的“失控”使中央政府通过“三调”掌握“真实”情况，从“三线”划定的规则演进过程可以看到“三调”在国土空间规划中的权威作用不断强化，而技术力量较强的北京、上海、广州、厦门等城市率先建立了“精准、科学”的详细规划体系，而这些详细规划体系均是建立在大比例尺地形图及地方管理数据平台之上的。

5.4 规划事权具有层级性，一致性判定规则具有主观特征

从国际经验看，详细规划属于“地方规划”，地方应该拥有较大的自主权，所以“上位”规划基本以理念型、政策型为主，较少有具体的空间传导。我国与西方国家存在较大差异，一方面由于土地国有的现实，另一方面对于央地事权没有明确的划分，自改革开放以来，我国逐步探索形成了“集权下分权”的规划与治理逻辑。国土空间用途管制应以生态文明建设为逻辑起点，地类管制向空间管控转型，构建面向全过程、多样化的管制规则体系[26]。总体规划对于详细规划的空间传导应关注底线型、结构性、目标性的要求，尽量减少直接对应的“传导”。

在具体的规划监管中，一致性判定是规划审查与实施过程中的主要“技术环节”，判定内容包括定位、策略、功能、空间、数量等的一致性，其中，除数量一致性可通过计算直接判定外，其他内容判定都存在主观特征，这也正是历来规划审查都需要多轮专家评审、部门征询和公众参与的原因。

25. 岳文泽，王田雨．中国国土空间用途管制的基础性问题思考 [J]. 中国土地科学 ,2019,33(8):8-15.
26. 张晓玲，吕晓．国土空间用途管制的改革逻辑及其规划响应路径 [J]. 自然资源学报 ,2020,35(6):1261-1272.

在目前阶段的国土空间规划编制过程中，对空间一致性的判定缺少多样化的柔性判定方式，以坐标一致作为空间一致判定方式虽然简单，但过于刚性反而不利于实际管理。因此，在国土空间规划法规体系逐步完善的过程中，我们仍需强调主观判定的重要性，可通过细化审查规则、审查流程为主观判定提供规范约束。审查规则中，可提供允许的误差范围，允许数量不一致的几种情形，允许使用参照物作为空间判定依据，等等；审查流程上，可增加对明显不一致情况的一事一议、补充商议、公众征询的要求。通过优化规则和流程，可为判定工作提供更规范的工作框架，使本来简单局限的一致性判定的工作覆盖面更广，也能更为灵活地应对多变的规划情形。

6　“总—详”规划空间传导的几个优化建议

6.1 走向精准传导

规划是一个不断深化、优化的过程，从纵向传导来看，需要“精确”对位的要素其实并不多，大量的是结构性的控制。同时规划设计人员具有将表达“具体化”的习惯，在规划成果中出现大量“冗余”或表现信息，如控制性详细规划中的建筑布局、鸟瞰图等。这些信息有助于展示上位规划的意图或对下位规划的认可，但并不是严格的管控信息。国土空间规划体系下应建立明确的“管控”意识，所有的控制要素都是明确的，规划成果的表达是准确的，构建自上而下的精准传导体系。

在北京的详细规划体系中，组团详细规划深化方案不审批，只在规划主管部门备案，较好地解决了规划总体控制、公开和下层级动态修改深化的问题。上海的规划传导体系建构了“划示”与“划定”的体系，使用“结构线”“控制线”到“图斑线”，从“划示”到“划定”，区分各层级控制线的虚实不同，从而明确各层级规划的任务、权限、控制精度。[27]

27. 王新哲，薛皓颖 . 国土空间总体规划传导体系中的语汇建构 [J]. 城市规划学刊 ,2019,254(S1):9-14.

6.2 用好空间管制工具

国土空间规划体系建立了用地“分区—分类”空间管制工具，规划分区多用于传递空间保护与开发等政策，引导空间格局的发展方向，表达对用地的规划政策意图（land use policies）；而用地用海分类则是对土地用途的明确界定（land use classes）[28]。从用地分区到分类是一个非树状的开放体系，保留了充分的弹性，与主体功能区划共同构成了空间管制的体系[29]（图 11-3）。但分区到分类的转换关系不明确，目前试用的分区分类标准仍需要进一步完善。

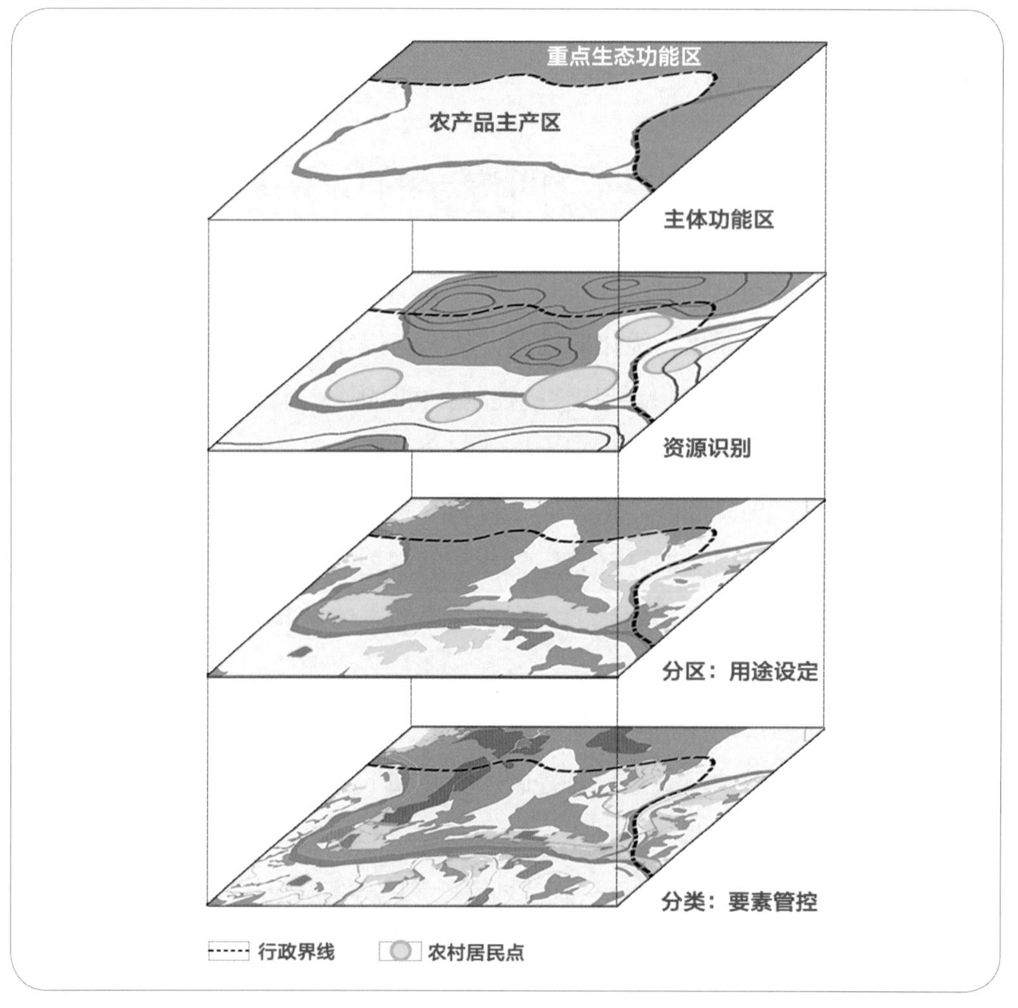

图 11-3 各类规划中用途管制的空间非对应性示意

28. 程遥，赵民 . 国土空间规划用地分类标准体系建构探讨：分区分类结构与应用逻辑 [J]. 城市规划学刊，2021(4):51-57.
29. 王新哲，薛皓颖，姚凯 . 国土空间总体规划编制的关键问题：兼议省级国土空间规划编制 [J]. 城市规划学刊，2022(3):50-56.

在《市级指南》制定时曾有过对于中心城区表达深度的讨论。按照分层空间管制的逻辑，总体规划应该到分区为止，最终中心城区的用地分类图从示意转向了正式图纸，增加这个层次的图纸是希望传导的“落地”。但由于在总体规划阶段对详细用地布局的考虑并不那么细致，具体用地布局的优化会受到限制（图 11-4），同时由于用地图比较“具体”，会成为关注的焦点，关键的分区图反而会被忽视。

根据前文的分析，从总体规划到详细规划存在底图转换的过程，考虑到与详细规划的衔接，中心城区的用地图应该建立在地方大比例尺的底图之上，这张图的增加将这个转换过程纳入总体规划的控制之中，有利于保持规划传导的落实。但如果在规划的审批过程中同时审核底图转换的一致性，将极大增加规划审批的复杂性，如果不审查则有可能造成这一重大传导步骤由总规审批“背书”的前提下失控。

6.3 建立柔性传导体系

为在保持中央干预能力的前提下兼顾不同层级的空间治理诉求，应选择刚柔组合以优化传导结构。空间边界的概念化的传导主要体现在省级向下或市级向下传导的过程中。随着规划尺度缩小，规划中空间边界的表达方式逐渐由高度概括的结构性表达，向可度量面积或长度的实质性表达转变，即由“虚指”向“实指”，由“开放”到“闭合”[30]。

图 11-4 “总—详”规划优化造成的空间非对应性示意
注：本图为示意性图纸，非真实的总体规划与详细规划图纸。

30. 张立，李雯骐，汪劲柏 . 空间规划的传导协同：治理视角下的国际实践与启示 [J]. 国际城市规划 ,2022,37(5):1-13.

柔性体系是规划严肃性的稳定剂。国土空间规划的控制权变强，但城乡发展的不确定性仍然存在。而通过弹性规划方法，可以使规划适应不确定和多变情境，大幅减少不必要的调整，使规划更具有韧性也更为稳定，规划的公信力和严肃性因此得到保障[31]。

柔性规则是刚性内容的有效实施的保证。空间规划所强调的规划严肃性既要体现在结果的强制力和精确性上，又要体现在过程的规范性上，两者是相辅相成的。由于规划结果的复杂性和不确定性，后者往往更为重要。柔性规则是面向原则、方法和流程的规则，使弹性规划有据可依。服务于柔性内容的规则保障，往往对柔性内容的包容度、一致性判断规则有所界定，以保护灰色地带中的程序正义，它既通过“柔性”保证了规划多样性和灵活性，又通过“规则”保证了管控的有效落实[32]。

在国土空间规划实践中，已经形成一系列的柔性传导的工具。就事权分层来说，形成分类、分度约束的体系；就表达来说，形成结构化的图示表达方法；就用地分区来说，强化“非树状”的开放体系及留白机制；在图数对应方面，通过属性、留白、指标池等工具，形成上下闭合但留有弹性的空间。这些工具的系统、科学运用将极大地提升规划的适应性，通过对弹性的管制达到维护规划的严肃性的作用。

6.4 加强单元规划编制的规范引导

从地方规划管理实践来看，普遍选择在总体规划和传统的控制性详细规划之间增加单元规划的层次。一方面是总体规划强调区域性、战略性、底线控制，总—详规划之间的距离在“拉大”，增加中间层次可有效解决总—详规划脱节的问题；但同时另一方面是作为具体控制的蓝图，被纳入地方事务的详细规划层级，有效监管单元规划的编制，是保证总体规划有效传导的重要保证。从详细规划编制的技术规范来说，应鼓励结合地方的实际和管理水平，制定多样化的技术标准，但其中作为“总—详”衔接的单元规划要守好底线，需要制定统一的国家或行业标准进行规范与引导。

---

31. 张尚武，刘振宇，王昱菲．“三区三线”统筹划定与国土空间布局优化：难点与方法思考[J]. 城市规划学刊，2022,268(2):12-19.
32. 王新哲，薛皓颖．市县国土总体规划中的弹性机制：以城镇开发边界为例[M]//彭震伟．国土空间规划：理论与前沿．上海：同济大学出版社，2023.

从单元规划编制的技术路线来看，主要是现状的认定、规划控制要素（包括指标和空间）的落位，存在着失控的风险。

第一是建设用地的认定。前文提到在总体规划阶段已经存在现状认定的博弈，地方政府倾向于认定更多的“现状”。尽管通过《关于规范和统一市县国土空间规划现状基数的通知》统一了标准，但矛盾依然存在，在“土地财政”的惯性诉求下，详细规划编制阶段存在再次博弈的可能。《自然资源部办公厅关于进一步做好村庄规划工作的意见》提出城郊融合类的村庄可纳入城镇控制性详细规划统筹编制，有利于统筹城镇和乡村发展，但前提是认定好“现状”，不然将击破开发边界。

第二是单元指标的分配与控制。《市级指南》提到“中小城市可直接划分详规单元，加强对详细规划的指引和传导”，但在具体操作中由于详规单元的划分要充分衔接规划管理，在总体规划较难考虑成熟，大量总规编制会有意忽略这一部分。在详细规划编制的阶段如果缺乏对于整体的统筹，会出现局部合理而整体谬误的现象，建设量控制、人口规模就是一个核心的问题。所以在详细规划编制之前，必须要加强整体的单元控制，或者将其列为在总体规划编制阶段的必备内容。

第三是关键控制线与设施的落位。在“三线”划定阶段，通过复杂的上下协同，基本解决了空间定位的上下贯通问题，但就其他控制线和设施来说，总体规划不可能也没必要做到精确定位，单元规划阶段就承担了相关空间要素的落位问题。除基于比例尺衔接、地形差异、用地勘界、管理范围界定进行的边界勘误外，均不应在转换的过程中改变总体规划的意图。

7 结语

规划体系划分为两类：“一致性规划体系”（Conforming planning system）和“绩效性规划体系”（Performance planning system）。[33] 我国的规划体系是一种一致性体系，一致性体系强调规划内容的确定性，从而容易陷入追求各层级

33. 张皓，孙施文．规划体系中的一致性及其断裂：以上海中心城为例 [J]. 城市规划学刊，2022(2):27-34.

规划之间“图数一致”的桎梏。同时造成了各层级规划“上下一般粗”的现象，不仅导致了总体规划越位管控的问题，也为低层级规划灵活应对发展中的不确定性并灵活回应日常建设管理中的需求带来了障碍。

相比之下，绩效型体系在理论上更符合现代治理对主体、过程及结果方面的要求。但绩效性体系主要存在三个方面的问题：不确定性、决策时的裁量空间过大，以及过高的管理成本和能力要求。[34] 早期的战略规划（概念规划）的创新就是对于绩效型体系的思想的引入，但随着地方对于上位规划的不断突破，“多规合一”“上下传导”成为空间规划体系改革的主导思想。

随着进入“新常态”的发展阶段，强调对资源的保护、社会的公平公正，“一致性”体系总体上是符合我国的经济社会发展阶段的，但如何扬长避短，在一致性体系中融合、借鉴绩效性体系，是规划体系研究的重要内容。

---

34. 张皓，孙施文. 规划体系中的一致性及其断裂：以上海中心城为例 [J]. 城市规划学刊, 2022(2):27-34.

后 记

2014 年上海启动新一轮的总体规划修编，2015 年我作为单位代表加入技术核心小组，全程参与了规划的编制。我把相关的研究分为两类：关于上海的研究和关于总体规划的研究，后者引发了我对于总体规划编制技术的关注与探索，成果体系、表达技术也成为同济团队对上海总规的主要贡献方向之一。

2019 年，全国开始编制国土空间总体规划，这是一次真正的全行业投入、摸索中前进的规划探索，我有幸参与其中，进行了大量的规划理论、制度与实践研究。4 年来，我负责、参与了大量省、市、县、镇的国土空间总体规划编制和审查，项目涵盖国家的不同地域，充分了解了国土空间总体规划编制的难点、痛点、堵点。感受最深的是要不断学习：向土地规划、主体功能区划学习，了解它们的专业知识、技术逻辑；向实践学习，实践中涌现的问题不亲自参与是很难发现的；向年轻人学习，他们有最新的知识结构，有最鲜活的实践经验和技能。

感谢《城市规划学刊》《城市规划》杂志以及《理想空间》丛书，自空间规划体系改革以来，我先后独立或作为第一作者在其中发表总体规划方面的论文 9 篇，专题笔谈 2 次，参与论文 4 篇，这些论文是本书研究的基础。本书正是基于此进一步系统梳理和补充相关研究的成果。感谢我的合作者，黄建中、薛皓颖、刘振宇、钱慧、姚凯、彭灼、李航、杨雨菡、宗立，他们为我的研究提供了巨大的支持，为本书提供了鲜活的素材。

本书成稿之时，我和大学同学们正在张罗毕业 30 年的聚会，如果从本科毕业起算作投入职业生涯，这本书也算是送给自己 30 年规划工作的一份小礼物吧。

2023 年 9 月 20 日